CHEERS

与最聪明的人共同进化

HERE COMES EVERYBODY

战略性耐心

The Loooxooo oxooooooooo ooooooooxoo xoong Game

[美] 多利·克拉克 著
Dorie Clark

张伟立 译

浙江教育出版社·杭州

你知道如何收获永久回报吗?

扫码激活这本书
获取你的专属福利

扫码获取全部测试题及答案,
一起了解如何有效利用时间
和精力实现目标

- 为了避免无法实现的尴尬,在设定目标时应该为自己制定一些简单任务,这是对的吗? (　)

  A. 对

  B. 错

- 在一个追求效率的世界里,很多事情都变得很激进,但如果你想学习有意义的知识,或想让自己产生一些持久的变化,你必须把大部分时间花在 (　)

  A. 准备期

  B. 发展期

  C. 瓶颈期

  D. 平稳期

- 要想提高成功的概率,你需要 (　)

  A. 先发起行动再考虑后果

  B. 全凭过人的毅力

  C. 保持单打独斗的高效状态

  D. 设置一个最终日期

扫描左侧二维码查看本书更多测试题

在疯转的世界里做一个长期主义者

深夜里，我迷迷糊糊地被持续不断的尖锐声音吓醒了。天还黑着，到底发生了什么？

我想起来了！

现在是凌晨 3：30，刺耳的声音来自我的闹钟，前一天晚上我就定好了时间，因为我要赶往肯尼迪机场搭乘早上 5 点的航班。

我开始头疼，吃下两片阿司匹林，匆匆穿上扔在梳妆台上的衣服。我叫了一辆出租车，当车驶过空寂的布鲁克林大桥时，我眺望着林立的办公大楼，那里灯火通明，映在伊斯特河河面上的光点闪闪发亮。我有任务在身，我必须让自己的身体支撑住。

　　我可以在飞机上先休息一会儿，然后再为洛杉矶一整天的会议做准备。我会在美国西部时间上午 9：30 到达洛杉矶的客户那里开会，开到下午 6 点，在晚上 9 点回到家，并在睡觉前吃一顿快餐。第二天我要在洛杉矶参加另外一个会议，之后飞往亚特兰大，在美国东部时间下午 5：50 抵达。如果天气和交通状况良好，我就有足够的时间与客户共进晚餐，然后在第二天早上进行主题演讲。

　　我知道我能做到，也必须做到。虽然那一周的行程都很顺利，但当汽车飞快地驶过布鲁克林大桥时，我突然感觉到了一种尖锐的刺痛。有一瞬间，我感觉到了一丝无法抑制的孤独。我想知道我为什么要选择这样的生活。

　　那段时间，我在一所商学院教授高管教育课程。一家大型金融服务公司邀请 30 名员工参加了为期两天的研讨会。这些员工出类拔萃，业绩突出，但我在会后聊天时发现，他们总是在强调："我希望自己有时间去思考。"这是我最近经常听到的一句话，就连我身边的人也常常这样说。

　　我给我最好的朋友寄了一份文件，却迟迟没有等到她的回复。通常，她会回复得迅速且详尽，但最近却总是不太及时。

　　"有空的时候，快速浏览一下。"我发短信催促她。

"我都忙得喘不过气了。"她在出差的路上回复我。

表面上她过得很好，不但生意兴隆，还有了新的恋情。但是在她内心深处，却觉得自己快跟不上这样快节奏的生活了。

如今，许多人总是匆匆忙忙、不知所措，觉得生活乏味而麻木。这些人一直埋头苦干，总是专注于接下来要做的事，陷在长久的"执行模式"中，根本没有时间去思考他们真正想要的生活。

当闲暇时浏览同事或好友的朋友圈，我们会因别人的光鲜而困惑：他们为什么能成功？有什么我不知道的秘诀？为什么我没有跟上大家的步伐？有什么"生活黑客"① 可以帮助我吗？

这不该是我们任何一个人的生存方式。

成功是什么？如果我们不去比较，只从自己的生活方式出发去重新定义，你会发现，想要获得成功需要耐心、策略，以及持续不断的努力，虽然这些特质听起来像是一种失传的艺术形式。但是，为了追求真正有意义的生活，这些是必不可少的。

---

① 即 life hack，原意指电脑黑客们使用的巧妙高效的黑客技巧，后被引申为提高个人办事效率的方法和技巧。——编者注

战略性耐心的现实价值

2020 年 2 月 28 日，我收到了一封编辑的邮件。邮件中写道："告诉你一个好消息，我们想要出版《战略性耐心》这本书。"

可是就在第二天，我所在的纽约市诊断出第一个新冠病例。

在新冠疫情早期，一位同事给我发了关于这本书的信息。我本打算在这本书的前言部分聊一聊在"短平快"的世界里做一名长期主义者的重要性。但是在当前形势下，他想知道，战略性耐心是不是过时了？他说："意外随时会发生，并影响人们的长期思维。"

我一直专注于对抗短期思维带来的破坏性诱惑，但是现在，新冠疫情在一夜之间改变了一切。问题也随之而来：战略性耐心是否还有价值？

最初几个月，纽约市的医院里人满为患，疫情带来的健康风险令人担忧。金融业也受此影响，我第一季度的出行计划提前几个月就已经定好了：去莫斯科教书，去得克萨斯州的达拉斯、华盛顿州的温哥华以及佛罗里达州等地举办主题演讲。而这场突如其来的疫情让这些安排及收入瞬间化为乌有。

但后来我意识到：我知道该怎么应对。我的演讲事业始于 2013 年，当时我出版了第一本书《深潜》(Reinventing You)①。主题演讲很赚钱，也很吸引人，这本书的出版让我有机会去世界各地演讲。

然而，我知道这样做并不是长久之计。尽管我还在咳嗽并患有肺炎，我还是坚持在斯洛伐克的三个城市进行巡回演讲，当我发着高烧浑身发冷时，我仍然在哈萨克斯坦的一所商学院连续两周每天授课 6 个小时。我知道这样下去不是办法，但当客户把我带到了这么远的地方，演讲就必须继续，而我也做到了。但我也知道，如果有一天我真的病倒了，我也就不会再做巡回演讲了。我有些朋友，才三十多岁，就被确诊为免疫系统疾病或癌症，这让我更想做出改变了。

我需要找到一种我不必到场也能挣钱的方法，也就是改变"用时间换金钱"的工作模式。所以我在 2014 年开始尝试在线课程，当时，我与一家老牌公司合作开发了第一门课程。2015 年，我与另一家公司合作开发了第二门课程。我在实验，也在学习。

2016 年，我决定全力以赴，独立开发自己的在线课程。同时，为了确保自己能够以正确的方式做事，我写了一本关于如何开辟收入

---

① 这本书提供了 10 个可执行步骤、12 个重塑清单帮你引爆潜能。该书的中文简体字版已由湛庐引进，北京联合出版公司于 2017 年出版。——编者注

来源的书。在这本书中，我采访了世界各地的专家。这是一个沉浸式的研究项目，最终《创业的你》（*Entrepreneurial You*）一书于 2017 年出版。

我当然没有预料到疫情会持续蔓延，这也不是我开始研究如何发展副业、开辟收入来源的动因。我关注的是平淡无奇的事情，比如生病，或是厌倦忙碌的生活。我们谁也无法预测未来，但是我们可以确定自己的目标，也可以找到自己薄弱的地方。

在疫情暴发后的两个月里，我开发的课程数量、发展的人脉较过去六年有了大幅提升。我写了三门新的在线课程脚本，并录制了课程。我还带领团队大规模重启了在线课程《公认专家》（Recognized Expert）。我十分感谢自己这一年的努力，把这灾难性的一年变成了我人生中迄今为止最成功的一年。

增加在线课程数量算是我的一个短期举措，但这并不是来自短期思维。如果没有我这五年来对于数字教育战略转向的坚持，这一切都不可能实现。**长期思维能够在经济低迷时保护我们，因为它驱动着我们朝着最重要的目标前进。**

我们需要灵活多变的战略计划，并在环境发生变化时进行调整。而长期思维就是支撑这一计划的基础，它能够帮助我们顺应环境的变化。如果我们只是随波逐流地混日子，就无法实现自己的目标。而我们一旦接受长期思维，并随着时间的推移而调整战略计划，我们就能做到将成功最大化。

因此我意识到，战略性耐心并没有过时，并且永远不会过时。

坚持战略性耐心带来的指数级收获

长期思维还有一个不寻常的副产品——勇气。我的朋友马丁·林德斯特伦（Martin Lindstrom）是一名顶级品牌的顾问，为某王室提供咨询服务。在一次咨询时，君主把他拉到一边说："马丁先生，目光别太短浅，我希望你能从长远的角度为我的家族进行规划。"

"多长？"马丁问。

"我们对近几个月的收益并不感兴趣，"君主告诉马丁，"我们不需要发布季报，也没有五年或十年的中期展望。我们希望每一代家族成员都能够以终生的视野来经营我们的事业。你为我的家族所做的战略品牌推广方案，如果能够指导一代人取得辉煌的成就，你现在的工作就是有价值的。"

如今，这种观点越来越罕见了，就像近年来有很多公司都被社会问题困扰——从种族平等到男女平等，再到气候变化问题。并不是他们的领导人不同意这些观点，就像马丁所说："在我的职业生涯中，我认识了数百位各类公司的首席执行官，但没有一位不认同平等概念。"促使他们做出反常举动的原因往往是出自对短期后果的担忧，诸如季度收益下降、股价下跌，或是年终奖的大幅削减。

做一个长期主义者需要足够的勇气，还要接受其带来的短期后果，但长期回报是巨大的。

我的朋友乔纳森·布里尔（Jonathan Brill）是硅谷的一名创新战略家。他告诉我公司真正的风险是："你雇用了懂得如何取胜的聪明人，却让这些人在错误的事情上取胜。"当所有的激励措施都集中在短期收入目标上（高层领导者的优化目标），乔纳森说："你有可能因为取胜而失败。"

失败的原因，是你没有将精力和成本投资于改变公司或行业发展的有意义的创新，而是投资在了"功能创新"上。这如同你纠结于"我应该在新盒子上放什么颜色的按钮"。盒子上的一个新颜色并不能彻底改变盒子的功能和本质，也不会产生持久的作用。不过，这样做的确很容易，也有可能会稍微改善盒子的视觉效果。

当然，每个人都喜欢丰厚的回报和突破性创新带来的荣誉感。但问题是，这并不能一蹴而就。乔纳森说："一个产品或一家企业通常需要 5～6 年的时间才能形成规模。"它需要有一个启动期，根据进展是否顺利相应地调整和优化其战略计划。启动期通常是很长一段时间，在这段时间里，即使是很好的创新项目，看起来也可能像是烧钱的黑洞。但是，一旦这个创新项目呈现出规模，你就建立了一个坚韧而强大的体系。最后他说："如果你想要从中获利，就要以 10 年为单位去谋划和实施，而不是只努力一个季度。"

只有长期思维才能帮你实现目标。这个原则不仅适用于优秀的大公司，同样也适用于我们的日常生活。

2008 年，金融危机爆发前的几周，我成功地参加了一个精英会议。我不认识一同参会的其他人，我可能是会议中资历最浅的人。我从与会者中找到了几个和我年龄相仿的人，并成功邀请他们一起共进晚餐。他们彼此相熟，因为他们毕业于同一所常春藤大学。

我们在等开胃菜的时候，一位女士开始谈论离开学校 10 年后，他们班有谁生了几个孩子，谁写了几本书……在短短几个小时的时间里，他们把曾经的同学都讨论了一遍：这个人生了孩子，那个人写了书，这个人怀孕了，那个人写了 5 本书！没完没了，喋喋不休。

那时我既没有孩子，也没有写书。我所能做的就是微笑，心想："去你的吧！"

美国著名诗人、翻译家亨利·沃兹沃思·朗费罗（Henry Wadsworth Longfellow）有一句名言："我们用'我能做什么'来判断和定位自己，而别人用'你已经做过什么'来判断和定位你。"这句话虽然很有道理，但是当我们意识到"我能做什么"与"我已经做过什么"之间存在差距时，这就非常令人沮丧了。

做每件事实际花费的时间都比我们预期的时间要长，这是个普遍的规律。

第二年年初，我制订了一个计划：在接下来的 12 个月里，不管中间发生什么事情，我都要签订一份出版协议。于是我一鼓作气，用3 个月的时间写了 3 本书的提案。我敢肯定，出版社会选中其中之一。但为了万无一失，我还是拜托朋友，介绍了一位文学经纪人。这位经纪人当即否定了一个提案，并告诉我："你写的是一篇文章，而不是一本书。"但她认为另外两个提案可能会有出版的价值。整个夏天，我不停地修改、润色我的文章，打磨我的观点，直到写出了我认为与众不同的内容并寄给了出版社。

但没有人想要接受我们的书稿。一封又一封退稿信纷至沓来，反馈的内容都一样：您的观点很新颖，但很遗憾您的影响力还不够。最后我的经纪人也放弃了，离开了我。

我决定开始写我不愿写的博客，这样我就可以因"足够有影响力"而出本书。我又花了两年的时间向出版社推销自己，乞求朋友的介绍，忍受一群让我抓狂的编辑。最后我终于积攒了足够的文章和人气，促成了一份出版协议。两年后，《深潜》终于发行了。

那次羞辱性的晚餐谈话已经过去很久了，我终于有机会与世界分享我的想法。

虽然每一次成功都有很多遗憾，但一路走来，也有值得回味的时刻。那些让你感到沮丧和艰难的时刻，或是当时毫无意义的一些小举措，现在回想起来都别有一番滋味。

我们面临的都是内在挑战，所以即使在没有人关注你的时候也要继续前进，并要相信自己终会迎头赶上。

几年前，我推出了《公认专家》课程，这是线上的共享课程，供专业人士学习如何构建自己的平台，以便分享他们的观点。每天，我都看到参与者面临着我曾经历过的挑战。有些时候是值得庆祝的事情，但更多时候是提案被拒绝，或是提交的申请石沉大海。社交媒体上无休止的信息轰炸也表明，似乎每个人都正在经历类似的挑战。

我们不禁要问："我是否应该再加快些速度，更加细致、更加努力地工作？为什么我还没有成功？"对大多数人来说，我们已经竭尽全力地拼命工作了，许多专业人士甚至做到了工作事项间的无缝衔接。我们陷入了执行模式，连思考的时间都没有，我们该怎么办？

在这个世界上我曾讨厌两样东西，其中之一就是耐心。小时候，我被告知不能开车，不能做生意，不能投票，我因此而感到愤慨。我不想眼睁睁地看着我的生活"溃脓发烂"，所以我尽可能让自己平静下来，因为我发现自己所做的每一件有意义的事情都要花费比预期更长的时间。从那次参加了"出多少本书"的晚餐谈话到真正出版我的第一本书，一共用了五年的时间，这五年，我像被钉在了羞耻柱上。我也曾一度困惑，我为什么会花这么长时间？

但也正是这五年的时间，让我逐渐认识到了一个鲜为人知的道理——在黑暗的日子里坚持到底，所获得的回报率不是线性的，而是指数级的。

从表面上看，从那次晚餐谈话到实际出版一本书，虽然花了我整整五年时间，但之后的五年里，我成功创建了一家百万级的公司，成为两所美国顶尖商学院的教授，我的书被翻译成了 11 种语言出版。

我也成了一名百老汇剧院的投资者，一名脱口秀演员，以及格莱美奖爵士乐专辑的制作人。

付出耐心、踏实工作并不容易，否则每个人都会这么做。我喜欢耐心，因为它是对人们品行最真实的反映。**当未来的结果不明确时，当我们付出努力的工作取得进展，却没有得到认可时，你是否还能安心工作？然而越是这样，我们越应该坚定信念，克服困难去完成工作，这就是战略性耐心。**

你可以从自己敬佩、信任的人身上汲取能量，可以借鉴或效仿他人的成功经验，然后确定自己的方向。你要做出很多别人不愿做的选择。要知道，对一件事情说"是"就必然意味着对另一件事情说"不"。所以你要权衡利弊，考虑好你的机会成本，鱼和熊掌总是不可兼得的。

但是有意识地合理安排时间，过好我们的每一天，对于我们整个人生来说意义非常重大。你要下定决心，积极行动，然后静候佳音。因为懂得了这个道理，所以我比以前更有耐心了。

我讨厌的第二件事情是不愿与他人共享知识。通常，那些已经取得成功的人会筑起一道无形的墙。他们将成功归结于才华和天赋，并试图让你相信，如果你天赋异禀，就没有必要运用策略来获得成功，更没有必要为了成功而废寝忘食。

几乎所有的成功人士都不约而同地这样想。

我认识一位非常成功的艺术家，她曾在 TED 大会上演讲并获得重大的国际奖项。我问她，成功的秘诀是什么？

她说："只要做好日常的工作就可以了。"

如果获得成功能像她说得这么轻而易举就好了。做好工作虽然是必要的前提，但这只是一个起点。每个怀才不遇的人都觉得自己跟成功人士一样优秀，但他们却从未成功。那是因为任何成功都需要有计划、有技巧、有策略地去经营。当那些成功人士不愿意分享他们的知识和经验时，就没有人能真正了解成功需要付出什么，因此我并不赞同他们这种秘而不宣的做法。

我们都知道一句格言：没有所谓的"一夜成名"。想要获得成功当然需要付出时间和耐心，但是，当我担任高管课程讲师时，以及在《公认专家》在线课程中与学员互动时，我发现大家往往不清楚耐心意味着什么。耐心是写两篇文章，还是要写十篇、一百篇，甚至一千篇？我们什么时候才能得到认可，才能创造我们想要的生活和事业？

做一名长期主义者

在《战略性耐心》这本书中，我的目标就是揭示取得成功的过程，并分享那些通过长期思维获得成功的真实案例。

首先，我们要理解，真正有意义的生活一定会符合我们自己对于生活的期许。经济上的成功当然是我们大多数人努力追求的目标，但它绝不是衡量成功的唯一标准。我们需要深入思考未来想要如何成长和发展，并将这些融入日常生活中。

其次，我们要相信自己可以实现任何目标，但不是立即实现。如果我们能做到有条不紊、坚持不懈、谨小慎微、全力以赴，那就一定能到达成功的彼岸。虽然开始时可能进展缓慢，但随着时间的推移，这些努力会带来惊人的成果。

成为一名长期主义者，为了一个不确定但有价值的目标而放弃短期的满足感是很不容易的。但是，在一个总是把简单、快速、肤浅的事情放在首位的世界里，这样做是通往持久的成功人生最可靠的途径。

在本书里，我将分享战略性耐心的一些关键概念和策略，这些都是我在自己的生活实践中，在对数百名高管、企业家的指导交流中总结的。

本书是为那些想要在生活和工作中获得成功，并且愿意为之付出努力的专业人士而写的。你可能像珍妮一样，是一位职业生涯中期的高管，不知道接下来会发生什么；你可能像罗恩一样，是一名企业家，因为想法没被采纳而感到沮丧；你也可能像阿尔伯特那样，在为退休生活做计划，不想把时间和精力浪费在无谓的事情上；或者你可能像玛丽一样，是一名年轻的专业人士，准备在更大的舞台上表演。

本书分为三个部分。

在第一部分中，我们将从长期主义者经常忽视的部分开始，先清除障碍，准备行动。如果你忙得无法思考，那么你是不可能打破短期思维模式的。

第 1 章，我们将讨论忙碌的真正原因。你确实有很多事情要做，但超负荷的日程也确实是我们自己制造的枷锁，我们将讨论如何借助实用工具来规避忙碌，或者至少帮助你减轻些负担。第 2 章，我们将讨论一些具体的方法，让你能更轻松地说"不"，这样你就可以在日程中创造更多放空的时间和精力来做最重要的事情。

第二部分是战略性耐心的核心内容。综合考虑各种因素，我们如何确定要追求哪些目标？如何从战略上有效地实现这些目标？

　　第 3 章，我们将探讨如何制定合理的目标框架，我会举例说明为什么你应该"为兴趣而努力"。第 4 章将围绕谷歌推广的"20% 时间制"的概念展开，这意味着你将投入 20% 的时间用于新想法和新项目，我将分享专业人士的真实案例，也会说明为什么留出时间进行实验对所有人都很重要。第 5 章会解决一个常见的悖论：我想搞定每一件事，但我不知道从哪里开始！我们将讨论如何使用波浪式思考来制定策略。

　　第 6 章是关于如何更合理地利用我们的时间。有没有一种方法可以一举两得，充分有效地利用我们的时间和精力来实现目标？事实证明这种方法是存在的。在第 7 章结尾，解释了为什么建立一个强大的人际关系网络对长期主义者至关重要，但为什么有些人会对此犹豫不决。我会制定一个框架，帮助你思考如何与他人建立真正的连接，并且帮助你体面地实施这个战略。

　　最后，在第三部分中，我们将针对长期主义者所面临的最大难题展开讨论：尽管面临挑战与挫折，但仍要继续前进。

　　第 8 章，我们将讨论战略性耐心，这是你处于瓶颈期时继续坚持的关键。第 9 章则讲述了失败，尽管硅谷有"快速失败"的观念，但失败通常让人感到可怕和羞耻。战胜它的秘诀在于理解失败和试错之间的重要区别。因为如果你从失败中学到了东西，就不算失败。

　　第 10 章，我们将讨论最后一步——收获回报。具有讽刺意味的是，这对成功人士来说并不容易。这些年来，你逐渐习惯了奋斗和忙碌，很难停下来享受这一刻的成果。但现在，你已经成为长期主义者，这意味着你能够在职场中获得持久的成功，因此你可以欣慰和快乐地享受自己创造的生活。

　　其实我们都知道持久的成功需要付出坚持和努力。然而，在我们的文化中有太多诱惑，促使我们去做那些简单、可靠、光鲜亮丽的事情。长期主义者吹响了长期思维的号角，它会在你迷茫多疑的时候告诉你如何优先考虑最重要的事情，如何从小事着手来实现你的目标，即使它们现在看起来毫无意义、了无乐趣甚至艰难万分，你也愿意坚持下去。

　　这就是让你与众不同的方式。在没有人阅读你的博客时，你可以写博客，打磨观点，吸引读者；在没有人关心你的言论时，你可以参加演讲会，成为一个有影响力的主持人；在你觉得自己是一群人中最无所成就的人时，你可以去参加线上活动，以获得新的思想和人脉。宏大的目标无法在短期内实现，因此在一周、一个月甚至一年之后，你都察觉不到显著的差异。但请你相信，只要日复一日、有条不紊地去实现每一个小目标，你几乎可以做到任何事情，而且成功一定比你想象中要快得多。

　　所以让我们开始拥有战略性耐心，一起成为长期主义者吧！

第二部分　在长期目标下做重要且关键的事

The Long Game

第一部分

选择性放弃，
为长期思考留出空间

01

THE LONG GAME

第 1 章

——

摆脱忙碌才能重新掌控时间

"

控制工作时长，

反而更容易出成果。

"

众所周知，终日奔波、疲于奔命并不是最佳的生活状态。一项管理研究小组对高层领导的研究结果表明，有 97% 的高层领导者认为，长期思维，即有意识地专注于长期目标的能力，才是他们获得成功的关键。

但是，成功的路上总会有阻碍。在另一项研究中，96% 的受访者表示，他们没有足够的时间发展长期思维。

这是真的吗？

答案毋庸置疑，当今的职场人都很忙。麦肯锡咨询公司的一项研究结果显示，知识工作者需要花费 28% 的时间来处理电子邮件。来自亚特兰蒂斯团队的另一项研究结果也表明，职场人平均每个月会参加 62 次会议，虽然这听起来是一个令人震惊的数字，但如果将其平均到每个工作日中，则意味着每天要参与两到三个会议，如此一来，似乎也就司空见惯了。

　　参与一个又一个会议，撰写一份又一份报告，偶尔晒晒自拍的工作照，然后回复邮件直到午夜，这种忙碌的工作状态，似乎将我们困在"土拨鼠之日"①的怪圈中。而这时，本该是我们分内之事的本职工作却被零七八碎地夹杂在了这些事情中间。

　　现如今，一些公司仍然错误地将员工在办公室的"面对面时间"或在线工作的"屏幕时间"与生产力水平和员工的忠诚度混为一谈。研究结果表明，每周工作时间超过 50 小时的员工，比工作时间低于 50 小时的员工多赚取 6% 的报酬，即使员工的工作时间超过 50 小时后，其工作效率会有所下降。正因如此，"永远在线"心态才应运而生。

　　不过，这还没完。当 96% 的高层领导表示他们无法抽出时间解决关键任务时，一定还有其他原因。

警惕忙碌的诱因

　　我们总是强调自己需要放空和思考的空间，但总担心自己因此而

---

① 指一个人在同样的环境中待久了，很容易分不清时间，注意力变差。——编者注

处于落后的边缘。我们总是汲汲于未来而无法享受当下。如果一份工作的节奏太快，要求太高，压力太大，即使是最好的工作也会让人痛苦不堪。

那么我们为什么不能停下来？

忙碌是地位高的象征

我们正在从无止境的短期"执行模式"中获得隐性好处。来自哥伦比亚商学院的西尔维亚·贝莱扎（Silvia Bellezza）团队的研究结果表明，至少在美国，忙碌是社会地位高的一种象征。

> 那些拥有雇主所看重的人力资本特征（如能力和野心）的人，往往在就业市场中更加抢手。因此，告诉别人自己的工作很忙，也是在暗示别人自己特别受欢迎，从而提高自身在他人眼中的社会地位。

换句话说，让别人知道自己"忙疯了"，并将这种状态"广而告之"，可能在无形中帮我们建立了自尊。虽然我们渴望有时间去做长期思考，可你一旦有了充足的时间，也就间接表明我们并没有自己想象中的那么重要。

实现自我价值是我们保持忙碌状态的一个强大动力，但并不是唯一动力。

忙碌可以自我麻痹

事实证明，忙碌也是一种麻醉剂。作家蒂姆·费里斯（Tim Ferriss）在播客节目《蒂姆·费里斯秀》（*The Tim Ferriss Show*）的采访中谈道："至少在 2004 年之前，一旦遇到我不想做的事，我就会增加活动，忙一堆其他事情来回避它。面对这样的问题，有人用可乐，有人用工作，而我则用'活动'来逃避。"

我确实这样做过。几年前，因家庭破裂，亲人去世，我卖掉了房子，搬到了另一个州去生活。那一年我做了 61 场主题演讲，爬上一辆又一辆出租车，登上一架又一架飞机，去往一家又一家酒店的舞厅。我很享受这个过程，因为只有远离家乡我才不会悲痛。我可以专注地研究要搭乘哪个航空公司的飞机，在哪个航站楼登机，去往哪个登机口。我也可以专注于发表我的演讲，取悦客户，甚至做一些更琐碎的事情，比如在俄亥俄州的辛辛那提、亚利桑那州的菲尼克斯或北卡罗来纳州的夏洛特找到好吃的印度菜，这些都能够帮我分散注意力。因为当我回到家，只剩下自己一个人的时候，那种失去至亲的痛苦真让我无法承受。

当你知道该做什么的时候，你会感到踏实，因为当我们专注于执行时，我们根本没有时间去思考那些让自己不安的问题。

"这条路对吗？"
"成功到底意味着什么？"
"我在按照自己想要的方式生活吗？"

也许你想将收入提高 25%，但不知道怎么做——或者你需要重新评估自己的职业选择，或者你不得不应对行业的变革。如果不是因为这些原因，那就继续忙碌地抱着这样的想法活着吧，这比花时间重新评估你的工作或生活容易得多。

加拿大的自由顾问阿里·戴维斯（Ali Davies）就是这种情况。阿里是英国人，在过去 14 年的职业生涯中取得了一些成就，她告诉我："在工作的第十年左右，我感到不安、不快乐。我想离职，但我一直说服自己留下来。因为我是'成功'的，我担心如果背离传统意义上的成功标准会陷入自我身份认同危机，而且我也害怕这会是错误的决定。"

阿里最终又在公司度过了 4 年，直到她终于开始问自己那些无法回避的问题，她说道："如果我们不去了解、剖析自身的真实状况，那么我们就会被以往听说的职业生涯故事所影响，而失去面对问题的勇气。"

丽贝卡·朱克（Rebecca Zucker）很了解这种感觉。刚从斯坦福商学院毕业就在高盛集团工作的她，已经有了一份出色的简历。"我在法国巴黎银行做采访，"她说，"我记得我告诉过并购主管，我只想做并购相关的工作，但他又给我安排了 10 次采访，我只能一直做下去，这真的令人沮丧！"

很多时候，我们会选择一条自己认准的路，并不惜一切代价坚持下去，即使这会让我们感到很痛苦，我们也会坚持下去。最终，丽贝卡想通了："我根本不在乎是否留在银行业，我只想留在巴黎。"我们是谁？我们到底想做什么？当我们经历过一切之后再回想起来，答案似乎很明了。但是作为一个当下正身处于崇尚忙碌社会中的个体，理解这一点并不容易。

1971 年，卡内基梅隆大学的计算机科学家、心理学家赫伯特·西蒙（Herbert Simon）做过一个预测："在一个信息丰富的世界里，信息的丰富意味着其他东西的匮乏……它消耗了信息接收者的注意力。"解决这一问题的方法很明确："在可能消耗注意力的大量信息源中有效地分配注意力。"换句话说，我们必须明白自己真正关注的是什么。

赫伯特说的这番话，比互联网以最基本的拨号形式进入美国人的生活还早 25 年。而直到今天，我们才意识到集中注意力有多么困难。我们生活在一个充满短期思维诱惑的世界里，我们只顾低着头，不停地劳作。现实的工作情境迫使我们只能面对这样的世界，而我们的内心也逐渐趋同于这种环境。

企业高层领导几乎一致认为，长期思维至关重要（正如前文中 97% 的高层领导认同的这一结论），那么，如果我们想要发展长期思维能力，应该从哪里入手呢？

改变对忙碌的崇拜心理

德里克·西弗斯（Derek Sivers）可以被称为拓荒者。德里克早期是一名音乐人，创建了一家名为 CD Baby 的在线独立音乐公司，成为一名企业家。2008 年，他成功卖掉了这家公司，但与许多创业者不同，德里克选择了另外一条路，他前往新加坡、新西兰和英国各居住了一段时间，并将大部分时间用于写作。

对德里克来说，忙碌并不是社会地位高的标志，而是被奴役的象征。"我对那种叫嚷着'哦，我太忙了'这套陈词滥调的人印象极差，"他告诉我，"这些人似乎无法控制自己的生活。但是我遇到过一些非常成功的人，他们冷静、镇定、从容不迫、全神贯注。他们似乎掌控着一切，所以，我希望自己能像他们一样。"

当我们改变了对自己欣赏的人的看法，就已经迈出了强有力的第一步。当然，即使我们尊重那些能够掌控自己时间，并且有足够时间处理关键事项的人，也并不意味着我们能够很容易地成为这类人。

即使是最缺乏人脉的人，也可能会有处理不完的邀约，如午餐、晚餐、视频通话、项目会议、叙旧、摄取谋略、寻求建议等。你不能解决所有问题，因此必须对某些事说"不"。但是为了创造留白空间而推掉大部分事项，也几乎是不可能的事。我们会担心因此而伤害别人的感情，或错过重要的机会。

拒绝别人并不容易，因此本书第 2 章都在讨论如何说"不"，甚至是对好事说"不"。但关键是我们一旦在潜意识中崇拜忙碌的生活方式，我们总会做出相似的决定。因此我们需要明确自己想要什么。**如果我们想要真正掌控自己的时间，并进行长期的规划和思考，那么我们必须迎难而上，要足够勇敢地做出抉择。**

戴夫·克伦肖（Dave Crenshaw）就是这么做的。

用日历取代清单

"我成长的环境不是很好，"戴夫告诉我，"所以我想为我的孩子创造不一样的环境。"他在 20 多年前上大学时就明确了这个想法。他记得有一堂课，教授要求每个人都写下各自对未来生活的愿景。戴夫的梦想是赚一大笔钱，"当时，我认为那是很大的一笔钱，我打算每周工作不超过 40 小时"。教授允许学生间互相评论。其中一个同学告诉戴夫："这不现实，为了赚那么多钱，你必须延长工作时间。你一定会牺牲你的家庭。"

戴夫暗暗发誓要证明这个人是错的。如今，他是一名作家，也是时间管理和生产力方面的专家。他每周大约工作 30 个小时，每年 7 月和 12 月都会带着妻子和孩子去度假。他并没有疯狂地忙于自己的事业，然后试图把家庭时间塞进工作的间隙中。相反，从一开始，他就围绕着家庭时间安排工作计划。

"普通人每天都会遇到工作效率低下的情况，他们不仅接受了这种状态，甚至没有意识到这个问题，因为他们允许自己无限延长工作时间。"他说，"当你开始允许自己长时间连续工作时，你就是在放纵这些无系统性、无战略性的低效行为。"

相反，控制工作时长，反而更容易出成果。当你带着"整个 7 月我都要休假"或"我要在每天晚上 6 点前完成工作"这样的目标开始工作时，它会迫使你在开发自身系统中发挥创造力。你很容易发现那些导致你效率低下的原因，它可能是一台运行缓慢的计算机，也可能是笨拙的调度系统，这些都有可能造成你无法承受的后果，你会自发地问一些宏观的问题：

- 我应该接受这项任务吗？
- 我可以把它委托给别人，或者完全拒绝吗？
- 为了获得最大的回报，我应该把精力集中在哪里？
- 如果重新开始，我还会选择投资这个项目吗？

就像一位诗人决定以十四行诗的形式写作一样，你在利用正约束促使自己变得更加敏锐。人们对时间抱有太多幻想，总是在接受而非拒绝，认为一切事情最终都能圆满完成，而结果却恰恰相反，你只会收获积压的工作、失望的同事和无尽的失落感。

戴夫说："最重要的是改掉按照待办事项清单做事的习惯。因为待办事项清单就像在说'好吧，所有事情都在这了'，这相当于你创建了一个运行列表，自己却没有办法跟进它。"

人们一直在催促戴夫推荐他平时使用的高效应用程序。他的答案总是令人失望——一本日历。"确定什么是最重要的事情，然后在日历中将其提前；那些不是非常重要的事情就往后排；无足轻重的事情就不用安排，摆脱它，拒绝它，或分派给别人。如果你用日历取代待办事项清单来安排工作，你就重新掌控了每一天。"

如果你打算减肥，那么什么才是完美的饮食方案？生酮饮食法、阿特金斯饮食法、南海滩饮食法，或是间歇性禁食法？最直接有效的方案却是：少吃一点。

短期思维使我们周遭充斥着令人厌烦的浮躁氛围，人们的无限狂热，如仓鼠轮般无休止的奔波，对错误目标的积极追求。这几乎成为一种主流文化，而背离主流文化当然需要力量。既需要内部力量来面对类似于"我们是谁"和"我们真正想要什么"等令人不安的问题，也需要外部力量来与习惯于以工作时长和工作量衡量生产力水平的老板和客户们打交道。

我们必须愿意做出选择。前提是，我们必须相信我们可以做出改变。

几年前，我因为自己的书《脱颖而出》（*Stand Out*）而采访了戴维·艾伦（David Allen），他是《搞定》（*Getting Things Done*）一书的作者，这是一本指导人们提高效率的著作。他跟我分享了一个有趣的见解："你并不需要花费很多时间来想出一个好的创意，相反你需要的是空间，如果大脑里没有足够的空间，你就无法正确思考。产生一个创意或确定一项决策需要充足的精神空间，而不仅是充裕的时间，否则就算我们能够解决以上问题，也不见得会获得最优解。"

　　虽然长期思维非常重要，但这并不意味着你需要去修道院静修，或在托斯卡纳租一间农舍，以便留出数百个小时发展长期思维。你确实需要留出一些时间和足够的精神空间来思考。

　　要成为一个更敏锐且富有战略眼光的思想家，第一步是清除思想上的负担。但是我们身处在一个日新月异的世界里，一些惊人的机会通常隐藏在糟粕中，我们应该从哪里开始改变呢？这就是我们接下来要讨论的话题。

战略性耐心养成清单
THE LONG GAME

1. 重新思考忙碌意味着什么。忙碌并不是实现自我价值的唯一动力，有时候只是为了让我们没有时间去思考那些令自己不安的问题。
2. 用日历代替待办清单，围绕真正的优先事项安排工作。
3. 为工作设置一个时限。

02

THE LONG GAME

第 2 章

——

应该说"不"的 4 个信号

> 对每件事都说"是"
> 就意味着一切都会很平庸。

"很抱歉最近我失联了。"这封邮件来自一位我许久不见的好朋友，她手上有一份工作要找我帮忙。

她是一个企业家团体的成员之一，这个团体只邀请在社会领域工作的少数专业人士。团体成员中有设计师、开发人员、数字战略家和公关专家，他们每年都会聚在一起，学习如何更好地运营业务。他们即将在大开曼岛举行年会，并邀请我作为特邀嘉宾。这对我来说非常具有吸引力，我将有机会见到我的好朋友，还可以与优秀的企业家们进行有趣的对话，并且可以去海滩免费度假。

我非常想答应她的邀请，但在我的潜意识中似乎有东西牵制着我，让我知道应该仔细考虑后再答复她。

我们总是会面临这样的情况：接到专业活动的邀请，泡在咖啡馆去结交些新朋友，打电话与朋友叙旧，为他人提出建议，或出席会议。在我职业生涯的早期，当有人需要我伸出援助之手时，我很激动，这证明我是一个值得交往的人。我会与对方约好合适的时间和地点，穿过小镇去他们当地的咖啡馆见面。由于我始终没有一个明确的行程安排，所以我通常会与他们聊一个小时左右，然后再回家。但是由于我要步行、乘地铁，有时还会碰上交通延误，我可能要花 45 分钟才能到达那里，约会结束后，我还需要再花 45 分钟才能返回。就这样，我经常会消耗半天时间。我开始想要知道为什么我关注的事情没有取得预期的进展，我也没有挣到预期的那么多钱。

为了不让每一天轻易溜走，我必须变得更有选择性。这样我就不会像海浪中的水母一样，被其他人冲击。随着我的地位，也可以说是自尊的不断提高，我调整了我的安排。

- 我不会为了迎合他人而改变我的时间表，我只接受符合我时间安排的邀约。
- 我要求他们来我附近的地方见面，或者选择我在他们附近时见面。
- 我不再接受毫无目的性的会面。在职业生涯的早期，这是一个结识他人的不错机会。但是为了减少不必要的精力消耗，我必须变得更有选择性，所以我只与有相关职业联系的人，或者看起来很有趣的人见面。

　　这些调整逐渐优化了我的日程安排。然而随着时间的推移，我所面对的邀约质量也在不断提高。这虽然是好事，但使我更难拒绝那些我不感兴趣的邀约了。当然，我会拒绝陌生人的电话。但如果电话来自朋友的朋友，或是因被邀请出现在某人的播客上而获得更高知名度，又或是因主持一场专业协会的网络研讨会而获得潜在客户，我不会拒绝。

　　最终，我制定了更严格的标准来处理这些事情。只有当我有新书要出版时，我才会做播客。我只参加付费或我认为有价值的网络研讨会。但就像九头蛇长出新的头一样，新的邀约不断涌现。三年前，甚至一年前，我本想全力以赴去做的事情，现在却让我犹豫了：我有时间做吗？我怎么才能把它加进我的工作日程中？这样做值得吗？

　　这让我联想到朋友邀请我去大开曼岛的演讲。**说 "不" 是成为长期主义者的终极武器，这是一场艰难的战斗。** 此刻说 "是" 很容易，原因有很多：

- 我们不想让别人失望，因为我的朋友信任我。
- 我们担心负面的评价，怕她会认为我有点矫情。
- 我们不想与不熟悉的人进行艰难的对话，我甚至不知道该说些什么，逃避或许更容易。
- 他们一致投票赞成邀请我，这让我感觉自己被人需要。

- 我们一直被信息强迫症折磨着，生怕错过什么。比如，错过那些与大家相处愉快的时光，或是害怕错失了跟下一个埃隆·马斯克成为朋友的机会。

有很长一段时间，我们都无须承受这种痛苦。因为在职业生涯早期，愿意排队跟我们聊天的人并不多。我们的能力虽然有限，但如果你把工作做得足够完美，经验足够丰富，你就会变得越来越受欢迎。起初你会对各种各样的机会说"是"，想要看看它们会带来什么机遇，这是聪明之举。但之后它也会成为我们的负担，我们必须调整自己，做出更好的选择。

当然，有人会因种种原因而持反对意见。你的日程表不会在一夜之间被排满，就像温水煮青蛙的故事告诉我们，做人要有忧患意识，太舒适的环境往往潜藏着危险。对于大多数专业人士来说，真正需要担心的是说"是"的习惯会扰乱他们生活的节奏，打乱他们的计划。

大多数人都渴望有更多的时间去思考，去发现更多意想不到的事，甚至希望能有几分钟时间去聊聊天或与别人互动一下，但是这看似简单的事情却很难做到。德勤领先创新中心的前任联合主席约翰·哈格尔对我说："看看你的日程表就知道了。你的日程安排有多紧张？你是不是有一个早餐会，然后要开一整天的会，甚至开会到深夜？除非火警警报响起，你不得不走到街上去，否则你很难有意外的发现。"

正如英国学者诺思科特·帕金森（C. Northcote Parkinson）所认为的那样："为了填满你的工作的时间，你的工作内容会被不断扩展。"这个规律势不可挡。除非你留心守护你日程表中的空闲时间，否则它一定会被吞噬。

大多数人都不想这样忙碌地生活，然而我们还是无法改变现状。因为我们越成功，机会也就越多。在短期内，说 "是" 是应对这种情况最快捷的方式。这就导致即使我们把日程塞得满满的，却依然纳闷自己为什么没有多余的时间去思考第二天或下一次会议后的事情。

我们如何迈出这艰难的一步，勇敢地说 "不"，并努力实现我们真正想要的生活？

没有 "太棒了" 的感觉

"哇，太棒了！" 策略来自德里克·西弗斯。我们在第 1 章提到过，他从一位音乐行业的企业家变身作家，避开了困扰许多专业人士的 "失控" 问题。

几年前，他的朋友建议他："当你犹豫不决时，如果这件事不能让你感觉到'哇！太棒了'，那么这时你就要说'不'。"这种方式听起来可能很极端。但结果正如德里克所说："我太擅长拒绝了，我几乎对所有事情都说'不'！也许这是一个错误的做法，但正因如此，我的生活变得极其简单，我每天可以把时间用在有意义的事情上。"

这也正是问题的关键。大多数有经验的专业人士都很擅长拒绝，比如拒绝帮助一些我们不愿帮助的人。但我们也足够聪明，当有好机会出现时，我们会争先恐后地去做，比如升职加薪这类事情。

我们的问题主要在于那些看似平庸的机会，这些机会有利也有弊。可能是受邀参加一个看似乏味的活动，但是邀请人是你的挚友；或者是做一场免费的演讲，但听众里有值得你结交的人；又或是受托对某个远房亲戚进行一次个人专访，因为你可能在未来会需要他的帮助。

这些事让我们觉得很麻烦，但这样的情况却更能凸显"哇，太棒了"策略的优势。它会迫使我们做出选择，任何低于你的兴奋值90%，甚至100%的事情，你都要说"不"。

于是我鼓起勇气，腾出时间来分析大开曼岛之旅的可行性。最终，事情的结论变得很清晰：理论上，我可以赴约。但是我第一季度的旅行日程已经排得很满了，我一定会筋疲力尽，不能完全享受度假的时光。况且这个组织往常都只邀请会员演讲，这意味着他们并没有额外的演讲者费用预算。虽然他们可以支付我的飞机票和住宿费，但我需要无偿演讲。

即便对我来说有机会见朋友，在海边晒太阳也很有吸引力，但是在我精疲力尽的时候，去做免费演讲又有什么意义呢！比起大费周章地度假，或许我可以只约她吃个晚饭聊聊天。最后我回信说：

> 非常感谢你盛情邀请我去大开曼岛为你的团队演讲。虽然我非常珍惜这次机会，但很遗憾我无法成行。昨晚我花时间研究了自己的时间表，从 2 月到 4 月我几乎一直在出差。明年我确实需要调整一下自己的节奏，期待那时我们能一起去一些很棒的地方。
>
> 今年我要重视机会成本，不能总是对一切说 "是"。我真的很感激你能想到我，我希望能以另一种方式提供帮助，比如为你的团队做一场网络研讨会。

当我按下发送按钮时，我有一瞬间的退缩，我讨厌说 "不"，但我终于做到了。

这件事对我来说不重要

特里·赖斯（Terry Rice）是一位经验丰富的数字营销人员，他曾在 Facebook、Adobe 等公司工作过，是一位很抢手的咨询顾问。他告诉我："我第一次做咨询顾问时，就有一个客户提出每月给我 2 万美元的佣金。"这似乎是每个新顾问都梦寐以求的工作。

但他并没有接受这份工作。

他回忆说："新工作需要我每天花费几个小时在布鲁克林与长岛间通勤。我创办公司是为了花更多时间与家人在一起。如果接受这份新工作，我就没有时间陪伴我的女儿了，何况，我对这个项目并不十分感兴趣。一旦因此而将时间占满，我就不可能接手其他项目了。"

特里做到了很多人做不到的事情：他在评估机会时明确了自己看重的要素。在他看来，这不是钱的问题，否则他会讨价还价。相反，他优先考虑的是与家人在一起的时间以及自己的能力，正因如此，他才下定决心拒绝。他说："这家公司一年来一直联系我，有时说'不'会很难，特别是刚开始的几个月，但我仍然很高兴自己拒绝了这个机会。"

玛丽·范德维尔（Mary van de Wiel）也有过类似的经历，当时一家全球性的广告公司提出收购她位于澳大利亚悉尼的品牌和设计工作室，但这背离了她想要追求自由的初衷。"我与另外两家已经被其收购的精品代理商谈了谈，我发现，我不会因此而得到我想要的自由。另外，我计划在纽约开设办事处，这一定不会得到这家公司的批准，但我在 2000 年凭自己的努力做到了。"20 多年后的今天，她觉得自己当年做了一个正确的决定，最终她按照自己的条件把公司卖给了另一个竞标者。

有时候，替我们做决定的并不是"我是谁"，而是"我想成为谁"，汤姆·沃特豪斯（Tom Waterhouse）就有过这样的经历。

2007 年秋天，时任财富管理公司高管的汤姆得到了一个令他梦寐以求的职位——新加坡办事处的首席运营官。他回忆道："当时，这是公司里每个人都想要的工作机会，不仅有美好的职业前景，还有一笔不错的收入。我曾在新加坡做过几个项目，我喜欢那里，也喜欢那里的同事。"

因为他要在 2008 年 2 月才赴任，所以在去新加坡之前，他先回了英国和家人一起过圣诞节。"有一天，我妈妈对我说：'除了你自己，大家都为你要去新加坡工作感到高兴，我说得对吗？'"她说得没错。

2008 年 1 月 3 日，他在假期回来后的第一天，就打了一个他人生中最为艰难的电话。他告诉新加坡的首席执行官，他已经改变了主意。汤姆至今仍然记得那次痛苦的谈话。"它就像一个分手电话，我只能告诉他是我的个人原因，而不是他的错。可他依然在挂断电话的15分钟后，又问我：'我还是不明白，是我做错什么了吗？'"公司的管理合伙人也说汤姆背叛了公司，他没办法再相信汤姆。汤姆说："我花了整整一年多来赎罪，才被公司重新接纳。"

当我们想要说"不"的时候，通常会不禁问自己：我为什么要冒着引起众怒的风险去拒绝一个原本让我梦寐以求的机会，这不是自讨苦吃吗？

但是，汤姆想得很清楚。他说："我已经42岁了，我仍然梦想着有一个家庭，希望有机会看着我的孩子在身边长大。我有一个成年的儿子，我和他妈妈在他两岁的时候分开了，他们搬到了另一个国家。如果我接受了这份新加坡的工作，它会消耗我很多时间和精力，我将很难有机会遇到合适的伴侣。"

汤姆的第一次婚姻虽然失败了，但他还想成家，而他知道，去新加坡工作将干扰他未来对于家庭生活的计划，所以他打算孤注一掷。

在生活中，我们不知道未来会发生什么，但如果你认准了一件事，那么无论如何你都要尝试一下。两年后，就在他开始放弃自己对于家庭的梦想时，他遇到了现在的妻子，并与她共同养育了两个孩子。

处在不擅长的领域

我们要明确这样一件事，没有人喜欢做不擅长的事。

当然，不擅长的原因有很多，有些事情我们从未真正研究过，或者本身不具备某方面的能力，比如跨专业学习一门复杂的知识，或是做一项我们本就不擅长的体育运动。但是如果这件事涉及自己领域的核心，大家又都不愿意表现平平。这就像商业版的乌比冈湖效应[①]，大多人都认为自己高于平均水平，然而事实并非如此。

这就是弗朗西丝·弗赖（Frances Frei）和安妮·莫里斯（Anne Morriss）在《非常服务》（*Uncommon Service*）一书中所探讨的现象。大约十年前，我就认识他们，那时我要为《福布斯》杂志就这本书做采访。他们的关注点是零售及相关行业的客户服务，他们想弄清楚在这些行业中，为什么优秀的企业如此凤毛麟角。

---

① 也称沃博艮湖效应，意思是高估自己的实际水平。——编者注

答案很清晰，这些企业不想失去任何潜在客户，所以只能试图满足所有人的需求。这些企业明知这样是不合理的，但依然忍不住去做那些同质化严重的事情。那些聪明且高薪的高层领导者，并没有及时做出决策，带领企业沿着长期战略的方向发展。然而，事实证明，只有那些直面自身短板的公司才能成为行业的佼佼者。

每个公司都希望能够面面俱到，却往往事与愿违。多数公司拒绝做出权衡，是因为他们很难接受这样一个事实：有得必有失，有强必有弱。决策者想要使公司在某些方面表现出色，就必须接受公司在其他方面的薄弱。

为了获取更多客户，所有银行都希望延长营业时间，但很少有银行会这样做，这是为什么呢？因为这会产生额外的成本。弗朗西丝和安妮在书中提到了一家愿意像这样全力以赴的银行——商业银行（Commerce Bank）。它每周提供7天服务，工作日营业到晚上8点。这家银行的管理者是如何实现这一想法，并支付这笔费用的呢？

这家银行深思熟虑后做出选择，只为客户提供极低的存款利率。当然，如果你问客户："你愿意只在自己的账户上赚取少得可怜的利息吗？"答案当然是不会。但这家银行服务的特定客户并不在乎利息的多少，他们在乎的是在结束了一天的工作后，还能到银行办理业务。

正如弗朗西丝和安妮在书中所说："选择短板是你成就事业的唯一途径，而抵制它则是一种平庸的选择。"书中提到大量关于银行业和航空业的研究案例，我突然意识到：这个原则也适用于我们的日常生活。很多时候，我们害怕做出选择，害怕说"不"，害怕错失一些机会，所以我们只能对那些繁杂的事物来者不拒，囫囵吞枣。

虽然这些事看不见摸不着，后果却很可怕。你的日程表被塞得满满的，你总要从当下的事情中早早抽身，但又不能及时投入下一件事中。事情总是进展很慢，因为你得推着一百万件事往前走一寸，而不是推着一件事往前走一米。你总是处于"反应模式"中，因为一直专注于眼前的事情，导致你从来不会制定自己的长期行程。

对每件事都说"是"就意味着一切都会很平庸。相反，说"不"能够带来更好的机会。这当然会让一些人失望：我不能受你的邀请和你的表弟一起喝咖啡，不会提供免费演讲，也没时间看你的草稿。虽然这会让我在某些事情上做得更差，就像我在从事写作等漫长工作时，会放任自己的邮箱爆满，有些人会因为我回复不及时而感到不快。尽管如此，如果我想彻底完成一项工作，就只能这样选择。

多问问他们为什么要联系你，这将让你更有说"不"的勇气，虽然这种方式违背你以往在人际交往中的原则。你可能会问，这不是把与人沟通的战线拉长了吗？但其实获取额外的信息有两个重要的作用。

首先，它将帮你过滤掉一些不合理的请求，这一比例或许会接近25%，因为有些人对于自己要做的事情本就没有条理，根本不会再花精力跟进这件事。

其次，这样做能让你更明确地决定你是否赴约，或让你知道如何尽最大可能去帮助他人。不管是商界新人还是职场老手，大多数人在人际交往方面都很懒惰无知。他们听大学生职业顾问说"约别人喝咖啡"或"征求其他人的意见"是个拓展人际关系的好方法，他们就一直这么做。

很多人并不清楚自己为什么联系你，也许是因为朋友莫名的推荐，也可能是他们看到了你在校友杂志上的名字，他们连你是做什么的都没搞清楚，就对你提出类似于"你能把我介绍给杰夫·贝佐斯（亚马逊创始人）吗"这样不切实际的要求，他们通常不会事先做好功课，所以你必须保护自己免受侵犯。你的时间很宝贵，应该合理分配它。

当然，总有一些让你愿意帮助的好朋友或客户，也会有你很想结识的具有超强个人魅力的潜力商业领袖。但对于这以外的其他人，如果他们无缘无故地想让你"接个电话"或"喝个咖啡"，你就有必要通过问一些问题来放慢对话的节奏，之后再考虑是否答应他。这样能够迫使他们去思考与你沟通的主要目的，从而拒绝想要从你这里不劳而获的人。

你可以这样说："我很乐意试着帮助你。你能多告诉我一点你的想法吗，好让我知道应该怎么帮你？"

这就需要他们进行解释：

- 他们想谈些什么。这是为了减少不必要的对话。比如，可能会有人想听听你对进入公关领域的建议，但你其实对这一领域并不熟悉。你还是要浪费很长时间向他们解释，你专攻写演讲稿，没有关于公关领域的有用信息可以分享。如果你之前写过一篇关于在公关领域求职的文章，那么你就可以把文章发送给他们，从而免去一次不必要的会面。
- 他们认为你可以提供怎样的帮助。有些人通常言行古怪且不得体，他们不能清楚地表达自己的诉求。有一次我被邀请去某位朋友家吃饭，结果直到上主菜的时候我才发现她的目的是让我投资她的电影项目，这让这次聚会变得很尴尬。问这个问题能够防止你被伏击，有时还能让你把他们引向其他资源。比如，"我在你想了解的那家公司没有任何关系，但我建议你可以读某本书，关注某个博客"。

寻求信息资源需要对方付出很多努力，而大多数人并不愿意这样做。这就保证了向你寻求帮助的人是积极勤奋的，是值得你去帮助的人。

说"是"比说"不"更容易

工作清单对我们的日常工作很有帮助。如果你是一名准备跨大西洋飞行的飞行员，或者是一名准备手术的医生，工作清单是一个非常有用的工具，它可以用来预防基本性错误的发生。即使你有丰富的经验和卓越的才华，也避免不了偶尔会有放松出错的时候。学会提问，反复斟酌，会让我们变得更好。

然而，在我们职业生活中的大多数时间里，我们都不会合理利用清单，有些人甚至根本就没有清单。这导致我们只能把每一个请求或机会都当作一个独特的问题来审视和解决。我们不断问自己：我应该接受这个邀请吗？我应该写这篇文章吗？我应该参加这次会议吗？

我们在浪费自己宝贵的认知能力。我们不应该把每一件事都当成非此即彼的选择题，而应着眼于更广阔的蓝图，去想想我们今后的路到底要往哪走，或思考一下如何度过自己的一生。

以下是我对高管客户提出的 4 个问题，旨在帮助他们思考请求、机会与表面义务的关系。

承诺了多少时间

所有人对一件事要花费的时间都有一个基本的判断。但问题在于他们估计的时长往往非常不准确。举办的免费网络研讨会听上去不是什么大事，因为会议时长只要 1 个小时，但是，如果把会前的沟通、排练和制作幻灯片的时间都加起来，这就变成了需要 3 ~ 4 个小时才能做完的工作。

如果你总是将工作项目所需的时间或金钱成本低估 4 倍，你可能会有失业的风险，但是我们在生活中却一直这样做，并且很少意识到这个问题。对于每一个请求，我们要仔细考虑到其中未说明的隐藏职责，并对实际涉及的工作内容做出粗略的估计。这样你就会发现，那些看起来不复杂的工作其实工作量多得吓人。

机会成本是多少

是否参加网络研讨会看起来是个简单的选择，而实际上却比想象中复杂得多。

我们需要面临的真正选择是：要么参加网络研讨会，要么去做其他同样需要 4 个小时完成的事情，比如和家人待在一起，去锻炼身体，上一节钢琴课，或是去完成一个长期的研究项目。那些不经常做的事情所需要的机会成本往往是无形的。我们需要把它清晰地罗列出来，这样我们就可以做出更有意义、更积极的选择，而不是被动接受一件事带来的附加条件。

如果参加网络研讨会是利用这 4 个小时最好的方式，那就去做吧！这可能是面向一所著名大学的客座演讲，它可以升华你的简历，提升你的职业可信度；这也可能是面向金融客户的一次演讲，或许可以带给你们公司数百万美元的合同；这次会议还有可能虽然只面向一小部分低水平的观众，但这 4 个小时可以让你在一个重要的会议前做好准备，以保证重要会议顺利举行……以上任何一个理由都可以让你将本次网络研讨会的计划排在最前面。

但是如果你对这次会议计划说"是"是因为这比说"不"容易，那么你就应该重新考虑你处理事情的方法了。

身体和情感的代价是什么

严格来说，我本可以去参加大开曼岛的旅行。我的朋友约我去六个月，在这期间我的日程表上没什么安排，但我还是鼓起勇气拒绝了这个有趣的提议，有一部分原因是我考虑到了身体上的隐藏成本。在这六个月的前后我都已经安排了商务旅行，所以我将会连续几周一直在路上飞行。这也意味着我需要调整时差，远离家乡，拖着行李箱四处奔波，吃不到健康的食品，在狭窄的飞机座位上久坐导致关节僵硬，以及多次乘坐令人作呕的出租车往返机场……当我全面了解选择 "是" 意味了什么，我就更加明白这不是一个好的决定。

曼比尔·考尔（Manbir Kaur）就是这样，在一次看起来不错的机会面前她考虑到了情感的成本。十多年前，她作为印度的一名高管，收到了一份非常棒的工作邀请。她回忆道："这是一个很多人都向往的公司，给了我令人敬畏的头衔和薪酬，但问题是，这家公司希望我在深夜轮班工作。"作为一个学龄儿童的母亲，夜晚的时间是很宝贵的，是为数不多能与家人共度的时光。最终她拒绝了这份工作："作为一个有理想的职业女性，拒绝这样一份工作是很困难的事情。"

我们的问题不在于对糟糕、无聊的机会说 "不"，这些机会本就很容易被忽视。对像曼比尔和我一样的大多数专业人士来说，面对诱惑时知道如何平衡优先级才是问题的关键。充分理解 "是" 背后的隐性成本特别重要，这包括身体上和情感上的付出。

如果我现在不这样做，一年后会后悔吗

错过一些机会会让人痛心，比如当你在网上看到朋友聚会的照

片，照片里的每个人都很高兴，唯独你被工作牵绊不能参加。但是几天后，这种错失的遗憾情绪就会消退。因为以后还会有其他聚会，虽然你错过了一个美好的夜晚，但这并没有改变任何人的生活。但是有些情况则大不相同。所以我们要在选择前预估到需要承担的后果，你不妨先问问自己：如果没有这样做，一年后我会怎么样？

这是几年前黄素妍经历过的事情。当时，她是新加坡一家国家领导学院的首席执行官，她对未来有着远大的理想，她回忆道："我的工作还没有完成，但是我的父亲被诊断出癌症四期，医生说他最多还能再活几个月。"

任何疾病都有不确定性，如果她的父亲真的不久于人世，她会一直后悔没有把握住最后一次与他相处的机会。所以她艰难地决定离开自己热爱的工作岗位。她说："我父亲热爱艺术，多年来收集了大量的艺术作品。我们花了四个月的时间来研究他的全部藏品。她很珍惜与父亲共度的时光，这也在她父亲的弥留之际为他们带来了巨大的快乐。"

黄素妍现在是一名顾问兼公司董事会成员，那时，她甚至帮父亲创建了一个遗产项目，她清晰地回顾了那段时光："父亲乐于与他人分享他的知识和收藏，那段时间里，我们成功撰写了两本书，很幸运，在他去世之前，他看到了一本书的印刷品和另一本书的电子稿。

我相信我当时的选择绝对是正确的。"我们无法预测未来,更无法控制未来。但是,如果我们将目光放得更远,问问自己一年、五年,甚至十年后的感受,我想我们或许可以在当下做出更好的决定。

扫除障碍是长期思维的关键一步,我们不能在无所谓的事情上浪费时间,要根据自己的实际情况设定优先事项。但问题是,在一个充满选择的世界里,我们到底应该关注什么。

战略性耐心养成清单
THE LONG GAME

1. 强迫自己只对感兴趣的事情说 "是"。
2. 学会拒绝那些会导致你变得平庸的选择。
3. 向对你提出请求的人询问更多信息,如果他们连基本的功课都没做好,就拒绝他们的请求。
4 确定一件事是否值得去做前,问自己 4 个问题:

- 一共承诺了多少时间?
- 机会成本是多少?
- 身体和情感的代价是什么?
- 如果我现在不这样做,一年后会后悔吗?

The Long Game

第二部分

在长期目标下
做重要且关键的事

03

THE LONG GAME

第 3 章

——

寻找长期目标最好"兴趣优先"

"

朝着有意义的事情努力迈进时，
目标可以帮助你
忽略那些琐碎步骤。

"

西方文化中默认的原则是崇尚资本。这也正是那些没有明确职业规划的大学毕业生会转到法学院或商学院的原因。如果没有更好的选择，去银行工作就成了最好的出路。

这样的价值观会引发很多问题。过于关注盈亏的公司可能会不择手段地走捷径，或做出一些不道德的事情；过于关注银行存款数额的人，很容易出现人际关系问题。从长远来看，这些都会带来不好的结果。

因此我们可以选择另外一种价值观：为了使生活更有意义而不懈努力。对一些人来说，实现这种生活的途径是专注于自己关心的事业，或者将时间放在自己感兴趣的事情上，比如陪伴家人或发展自己的爱好。

另外一些人则是通过他们的个人经历找到了人生的意义。2006

年，鲁基亚·约翰逊（Rukiya Johnson）得知，她正在读大二的弟弟被谋杀了。她的弟弟是一位社会活动家，鲁基亚决定转行，从事教育工作来完成弟弟的遗愿，因为这是他热爱的事业。如今，她创建了一个项目，帮助年轻学生进入医疗保健和 STEM（科学、技术、工程和数学）专业领域。她说："我找到了我的人生目标，对我来说，这一切都刚刚好。"

鲁基亚的故事充满力量、鼓舞人心。但如果你不确定自己对什么事情充满热情，也不知道什么对你来说更有意义，该怎么办呢？

追随自己的好奇心

我经常从读者那里得到这样的信息，无论是应届毕业生还是专业人士，他们都在努力寻找自己真正的"激情"、"目标"或"使命"。受美国文化的影响，他们相信每个人都有自己的使命，每个人都有责任找到它，但问题是这并不能够通过自我鞭策来实现。

如果你正在寻找生活的意义，或者你是一个博学多才、兴趣广泛的人，你或许可以试着去为兴趣而努力。这是我在 2006 年从事咨询服务时学到的。我的第一个客户是一位竞选马萨诸塞州副州长的女士。作为一名营销和沟通顾问，我知道自己的工作职责。这次竞选异常艰难，因为这种竞选不同于竞选州长、参议员或总统，有可能成为一场史诗般的公关大战。如果不是州长生病或辞职，公众并不知道，也不在乎副州长在做什么。所以为了博得公众的关注，我们必须想出一些不同寻常的办法。

我的客户是一名环保主义者，所以我们打算在全州范围内举行一次以皮划艇之旅为形式的巡回演讲。我的客户很喜欢皮划艇这项运动，她乘着皮划艇顺流而下，与各地的媒体见面，宣传她对于本州治理的政策主张。虽然这次皮划艇之旅未能帮助她赢得选举，但我却从这件事中得到了更大的收获。我遇到了玛丽昂·斯托达特（Marion Stoddart），她快 80 岁了，有一头银白色的短发，脸上布满了皱纹，她是这次活动的明星嘉宾，也是皮划艇运动爱好者。20 世纪 60 年代，她带领团队成功清理了马萨诸塞州的纳舒厄河，这是当时美国污染最严重的十大河流之一。

她的经历和人格魅力都让我深深地折服，但竞选结束后，我并没有想到未来会与她合作。有一天，我接到一位名叫休·爱德华兹（Sue Edwards）女士的电话，她是这次皮划艇之旅的志愿者。她说："我觉得玛丽昂的经历令人震撼，应该有人为她拍一部纪录片。"我很赞同她的观点，因为我也认为玛丽昂的故事充满正能量，如果能被拍成纪录片，一定会非常受欢迎。但是应该找谁来拍这部纪录片呢？

　　我在纪录片界有一些熟人，于是我主动牵线让休·爱德华兹与他们取得联系。接下来的几周，她与我推荐的三个朋友见了面，开始筹备纪录片制作的相关事宜。她再次找到我，并提议由她来担任制作人，由我出任导演。

　　虽然我从未拍过纪录片，但我觉得，纪录片的本质就是讲故事。按照人物的经历设计并布局叙事的线索，再将影像和人物对话结合在一起，制作成让观众欣赏的作品。我做过记者，所以有信心能够胜任这个角色，更重要的是我对这个新挑战很感兴趣。

　　因此我毫不犹豫地答应了。

　　接下来的三年里，我与休·爱德华兹以及我们为电影《玛丽昂·斯托达特：1 000 人的工作》（*Marion Stoddart: The Work of 1 000*）组建的团队成员密切合作。我们花了无数个小时采访玛丽昂，不仅深入她的日常生活，也与她一同复盘她的成长经历，回顾她为了获取政府对河流清理工作的支持而采用的策略。在她漫长的人生历程中，有一件小事让我印象深刻。在玛丽昂 17 岁准备离开家去上大学的时候，她妈妈给了她一条建议："当你有机会选择的时候，记得选择那件你更感兴趣的事。"

　　其实这个简单的建议正道出了战略性耐心的真谛。当谈到战略性耐心时，我们总迫不及待地想要知道答案，这样才能做好我们的计划。但是，没有人是无所不知、无所不能的。一路走来，事情的发展总是千变万化，我们无法在 20 岁的时候设定一个目标，然后不管好坏，都用漫长的余生去实现它。

或许无论在生命中的哪个阶段，我们都无法找到自己真正擅长的或真正有意义的事情。但是我们都有让自己感兴趣的事物，对世界也充满了好奇。比如，鸟类摄影这个爱好似乎不是特别 "有意义"，但如果你对这件事特别感兴趣，好奇心会激励我们从入门走向精通，最终引导我们获得所谓的 "现实意义"，比如建立新的人脉和职业联系，写本新书，或发起一场保护湿地的运动。

有些人可能会对 "兴趣优先" 提出质疑，认为这是白日做梦，只有有钱人才能这样去思考。他们会说，"我需要这份工作来偿还助学贷款"，或是 "我还有抵押贷款要还"，短期来看，确实没错，但我们不是环境的牺牲品。当前的状态不是永恒不变的，这是战略性耐心的大前提。

有些事情激起了你的好奇心，打开了你探索的视野，但你无法立即辞掉工作沉浸其中。在现实生活中，也很少有人会这样做。但是，随着时间的推移，随着战略性计划按部就班地实施，一切皆有可能。

找到兴趣点的 4 个方法

如果你已经埋头苦干了太久，找不到自己的兴趣点了该怎么办？如果你在职业生活中感到困顿、厌倦、迷茫，不确定要从哪里开始改变，又该怎么办？

方法 1：看时间花在了哪里

通常，想要知道你对什么感兴趣，最直接有效的办法就是看你把时间花在了哪里。例如，如果你的 Instagram 上每天推送的内容全是精心制作的食物特写，有朝一日你或许可以成为一名美食评论家，或者创办一家与美食有关的公司，抑或是为一家食品公司做品牌宣传。如果你觉得现有的播客不能满足你的阅读需求，你总是给你的朋友推荐新的播客，也许你可以自告奋勇，为你的公司打造一个创新的播客，或者去一家制作播客的公司找一份工作。

找到能够吸引你注意力的事情将对你的生活很有帮助。如果你兴趣广泛，那就更好了，几乎任何话题都值得你花时间去阅读和了解。但是，除非你的新爱好已经被慎重地考虑和测试过了，否则不要急于让它成为你为之奋斗的终极使命。找到方法，逐渐加深对它的了解，比如对在该领域工作的人进行访谈，或者读几本关于这个领域的书，再或者问问你正在从事这份工作的朋友，你是否可以陪他们工作一天。通过观察你的好奇心是否能够随时间的推移而持续旺盛，你就可以剔除一时兴起和"闪光球综合征"① 带来的诱惑。

方法 2：寻找感兴趣的事情之间的共性

你还可以在吸引你的事物中寻找共性。我们在第 1 章提到的丽贝卡·朱克就是这样做的，她意识到自己只是想住在巴黎而并非对银行的工作非常感兴趣。为了维持生计，她在巴黎做过很多兼职。她说："我教英语，帮助人们申请商学院，为在伦敦进行银行面试的人做面试准备，指导人们演讲，还做一些其他的咨询工作。"慢慢地，她在一系列兼职中发现了共性："我意识到，我喜欢帮助别人获得成功。"

当丽贝卡再次回到公司时，她进入了培训和发展部门。她回忆说："每个人都会让我帮助他们解决工作中的问题，而我所做的只是倾听和提问。"当丽贝卡认识到自己的兴趣点和自己的天然优势时，她意识到自己想成为一名高管教练。一年后，她创办了自己的公司。

在美林证券公司开始股票经纪人生涯的康斯坦丝·迪耶克斯（Constance Dierickx）也追随了自己的好奇心：为什么人们会对自己

---

① 心理学名词，指人们在做决定时，往往会高估潜在利益，而大大地低估风险。——编者注

的资产做出如此冲动的决定？我们都知道低买高卖的原则，然而有些聪明人总是反其道而行之：在恐慌中抛售，或者在市场明显出现泡沫时变得贪婪。她告诉我："因为看到了这些反常的现象，我开始每周花几个小时在书店里读决策科学和心理学方面的书。"

康斯坦丝知道自己既喜欢在公司与客户之间建立深厚的关系，又希望自己能保持着对决策科学和心理学的探索。最终，她找到了一种将两者结合起来的方法：回到学校攻读心理学博士学位。做这个决定并不容易，康斯坦丝回忆说："我在拿我家的经济状况冒险。"美林证券公司给出的工资很高，而一名全日制学生当然没有收入。但是，从她的兴趣和成就可以看出，这是正确的选择。如今，她是一名成功的顾问，还写过一本关于心理学和领导力的书。

弄清楚你真正的兴趣点似乎很复杂，但也意味着你已经想好如何利用时间了，这也许还能帮你重新连接起过去曾激励你的东西。

萨拉·范戈尔德（Sarah Feingold）对我说："我是一名艺术家，我学习法律是想帮助像我这样的艺术家。"但事实并未如她所愿。拿到学位后，她在纽约北部的一家小公司找了份工作。平日里拟订协议、起草合同并从事房地产交易。虽然她从工作中学到了很多法律知识，但她自己并不满意。她说："在这家公司，我既不能代表艺术家和小企业，也没有从事与知识产权法相关的工作。我和另外一家律师事务所的合伙人聊过我的职业理想，显然，如果我的职业生涯由别人来决定，那么不论我去哪里工作，我的职业方向永远都不会改变。"

真正给她带来快乐的是她的副业，即制作珠宝、项链、耳环和戒指等首饰。几个月前，她开始在一个名为 Etsy 的新网站上销售自己的作品。有一天，她在浏览网站时突然想到：Etsy 没有自己的律师，如果能够为他们工作，那么自己帮助艺术家的梦想就会实现。

有一天，Etsy 宣布了一些新规。莎拉对此有一些疑问，也想跟对方分享法律方面的见解。这家公司规模不大，所以她联系到了首席执行官罗布·卡林（Rob Kalin），虽然她们的通话时间很短，但聊得很开心。于是她未经预约就决定去碰碰运气，订了一张去纽约的机票，准备去这家公司求职。这个举动有些冒险，甚至有些不切实际，因为大多数初创公司都失败了，而这家小公司当时连一款像样的 B2B 产品都没有，它只是一家工艺品商店。

莎拉回忆道："我告诉罗布，我是来面试的。"一开始罗布说他很忙，但最终还是被莎拉的胆识打动了，同意给她一次面试的机会。莎拉阐述了她的观点："作为 Etsy 社群的一员，我了解这个社群，也了解社群成员的需求。我可以为公司实现增值，帮助公司扩大规模，这是我独特的优势。不仅如此，我还可以帮助你解决工作中的麻烦。你提到的那些法律问题，可以交给我来处理。"

罗布立即雇用了她。

萨拉回忆道："当时，很多人都认为我的做法很可笑。"为什么要放弃一份稳定的工作呢？稳定不是她学习法律的初衷，她钻研法律是为了帮助其他艺术家，这也是她愿意为之付出努力的兴趣所在。萨拉说："入职之后我就搬到了纽约居住，并在 Etsy 工作了 9 年多。"她最终帮助这家公司成功上市，当初她第一次出售珠宝的小型在线工艺品商店已经成为一家价值数十亿美元的公司。

方法 3：回想自己的初心

当你找不到自己的兴趣时，或者你失去了曾经的兴趣，那么想想自己的初心。当你困惑的时候，我们只要不忘初心，就不会迷茫。

有时候，我们虽然知道自己想要追求什么，但顾虑重重，裹足不前。我几年前遇到的陆军军官 T. J. 瓦格纳（T. J. Wagner）就是这种情况。

多年来，我一直与德勤会计师事务所合作，参与一项企业社会责任计划——核心领导力计划。该计划旨在帮助即将重返社会生活的退伍军人找到职业目标，帮助他们从军旅生涯中顺利过渡等。我已经发表了 20 多次关于职业重塑的主题演讲，其中的一次令我记忆犹新。

当时大概是晚上 10 点，观众已经散去。我正准备离开，一名士兵冲上来说："你介意我征求一下你的意见吗？"

瓦格纳很清楚他想做什么，而问题也恰恰出在这里。他说："这个秋天我就要去商学院进修了，距离现在还有 9 个月的时间。我想趁这个夏天去航海学校学习，取得船长执照，去希腊和克罗地亚当船长。不过，我有很多顾虑，如果我这样做了，那么我的简历上会留下一大段空白。"

这看起来会不会是一个荒唐可笑、贪图享乐、浪费时间的举动？潜在雇主会不会就此对他做出错误的评判？他是不是犯了一个大错？

那是一个漫长的夜晚，那天晚上我与近 50 名官兵交谈，他们都很聪明，有才华，有能力。但是瓦格纳在人群中脱颖而出，给我留下了深刻的印象，因为他有独特的愿景，而我确信，这可以成为他的竞争优势。

我告诉他："每个人都期待这样一次冒险，他们想从你身上获得这样的体验，而这将使你成为大家关注的焦点，所以不要犹豫，行动吧。"瓦格纳和他最好的朋友报名参加了菲律宾的航海理论班，又在马来西亚的航海学校学习了一段时间，之后进入了克罗地亚的船长学院。瓦格纳对我说："我们做的是极具挑战性的游艇演习，时刻都要做好应对紧急情况的准备。一天晚上，教练从木筏上解下 5 艘游艇，并尖叫着把我们叫醒，'木筏要塌了！'我当时觉得自己又回到了部队。"最终他以满分的成绩通过了结业考试。

整个夏天瓦格纳都在地中海当船长，他形容这是"世界上最好的工作"。他的冒险经历引人注目，几乎所有面试官都会把他从一摞摞简历中挑出来，说："这个家伙很有趣，不如把他招进来吧。"

当然，为兴趣而努力，可不光意味着你可以在酒吧讲很酷的故事。正是有勇气追求有趣的体验，我们才能打开原本被隐藏或无法接近的那扇门。

瓦格纳刚掌握了航海技能就加入了他所在商学院的航海俱乐部，他发现俱乐部组织混乱，于是迅速竞选成为主席，并招募了 50 多名成员。他的航海经历成为他强大的人脉杠杆，因为这为他提供了一个与同学校友建立联系的机会。

去地中海做船长显然不是一个常规的选择，但对瓦格纳来说，这却是一个正确的选择。他按照自己的规则行事，打破世俗的认知，开辟了一条独特的道路，从而脱颖而出。瓦格纳不仅成为一个有趣的人，也成为那些渴望在生活中注入魔力的人的指路明灯。

方法 4：问自己想成为怎样的人

在你不知道要追求什么目标时，你可以问自己这样一个问题，你想成为什么样的人？

我的朋友阿莉萨·科恩（Alisa Cohn）痴迷于利恩－曼努埃尔·米兰达（Lin-Manuel Miranda）的音乐剧《汉密尔顿》，她在百老汇将这部剧来来回回看了 8 遍。有一天，她了解到米兰达的另一项成果——即兴说唱课程《自由式爱至上》（*Freestyle Love Supreme*）正在招募学员。阿莉萨回忆说："我还没太弄清楚状况就报了名。"

但实际上这做起来可没听上去那么容易。报名的人很多，所以要通过多轮选拔。当她最终被录取时，却变得犹豫不决，她总是觉得时机不太合适，她说："我犹豫了将近一年。"然而使她犹豫的并不只是时机的问题，还有恐惧不断在她脑海中翻腾。"我会看起来很蠢，我一定做不好，大家都会嘲笑我，就连我小时候被欺负、被嘲笑的可怕经历都会被重新唤醒。"

她只能逼着自己去上第一天的课。当她走进教室，抬眼望去，大多是比她小 20 岁左右的年轻人，她觉得自己是个异类。她说："教室里将近一半的人都是有过说唱经验的，或至少学过说唱，只有我几乎没有任何经验，我只是看过《汉密尔顿》这部剧而已。"

　　她花了 3 个小时练习说唱表演，这更让她意识到自己并不擅长这项活动。到了晚上的压轴表演时间，"我们必须站成一个圈，当轮到我的时候，我要按要求在大家面前即兴说唱。第一次轮到我的时候，我要求跳过了。我真的做不到，太难为情了。"阿莉萨描述道。

　　但后来她突然意识到："我选修这门课程的部分原因就是挑战自我。我想释放内心的创造力，这样会对我有所帮助。"在后面的轮次中，她终于鼓起勇气加入了表演。8 周后，她站在舞台上面对 60 名观众进行了即兴说唱，完成了毕业表演。"我清楚自己的水平，我表演得并不完美，但于我而言，这样的成果已经很棒了，我坚持住了，并且获得了大家的支持。"

　　课程结束后，阿莉萨仍然一直努力练习说唱。她请了一位朋友帮她为初创公司高管教练的工作写了一段说唱歌词，并在手机上录制了一段自制的说唱音乐视频。内容大概是："哟，我叫阿莉萨！你的执行教练，我带着说唱的魅力来了。"阿莉萨并不打算成为说唱明星，她的视频也不一定会吸引到新客户。但对她来说，这种经历比得到任何东西都更重要。这将继续引领她走上更有创造力、更自由、更释放自我的道路。

　　我们有无数借口拒绝尝试新事物，待在我们的舒适区。但如果长此以往，我们永远不会遇到合适的时机，我们需要优先考虑重要的事情。成为长期主义者就意味着，我们必须承认自己不是无所不能的专家。所以，为了成为我们想成为的人，有时看起来傻一点儿也无伤大雅。

挑战极端目标

在日常生活中，我们不会对不切实际的事情抱有希望，这样就可以避免让自己失望，所以我们谨言慎行。这也是为什么我们想要成为高管或副总裁助理，而不是首席执行官。

如果你是一名乐队成员，或许你会雄心勃勃地计划如何为你的乐队增加演出机会，而不是策划如何登上流行音乐排行榜。成为长期主义者的意义就在于，明白有些长期目标虽然现在看起来是荒谬的，但不代表永远不会实现。当我们强迫自己树立一个极端的目标时，你可以试想一下最终成功后会是什么样子。我们可以为自己制定一个切实可行的终极目标，可能需要 5 年、10 年或 20 年才能实现，但无论如何，你总可以熬过这段时间，去实现它。

如果一个目标值得追求，那就要去追求我们真正想要的终极目标，而不是为了避免无法实现的尴尬，选择退而求其次的简单任务。过于宏大的目标可能会让人感觉无所适从，例如 "你是怎么开展写作的"这种泛泛的问题。但是，如果在宏观的大目标上做出细微、持续的努力，那么恰恰是那种宏大的目标才能给予人们振奋人心的力量，尤其是在面临压倒性的困难时。

路易斯·委拉斯凯兹（Luis Velasquez）就是这样，当得知自己患了脑癌时，他正在密歇根州立大学当教授。路易斯对生活不再抱有信心，作为一名科学家，他非常清楚自己未来的处境会有多可怕。

拿到诊断结果的那个周末，他和妻子都在芝加哥，当时恰逢芝加哥马拉松赛。他回忆道："我们在终点线那里站了好几个小时，我们能够近距离地看到选手们完成比赛时脸上的表情。有些人在向终点线冲刺时哭了，有一些人步履沉重，显得很痛苦。我注意到许多跑步者的运动服上都有一个小标志。我靠近他们，清楚地看到标志上写着'癌症幸存者''家庭暴力幸存者''乳腺癌幸存者''脑瘤幸存者'等。"

路易斯转向妻子说："明年我想参加这种马拉松比赛。"但在手术后不久，路易斯必须面对现实的考验。"我问医生自己什么时候可以回去工作，什么时候可以开始为马拉松比赛进行训练。医生跟我说'路易斯，你可能当不了教授了，就连走直线都需要花很长时间训练，所以你的这两个问题都不是你现在需要考虑的'。"

但是路易斯没有气馁，他把自己每天的物理治疗方案改名为"我的马拉松训练"。他说："当我被安排做康复练习时，我会按照他们规定的量做 10 倍，甚至 20 倍，"这不是一个简单的过程，"我会感到筋疲力尽，会头晕，也会头痛。"

通过他非凡的努力，路易斯渐渐恢复了直线行走的能力。接下来，他想开始尝试跑步了。他说："一想到自己要做一些大多数人认为是疯狂的事情，我就更加坚定。回过头来看，给人惊喜是我坚持下去的最大动力。在这个过程中，我重新找回了自信。"

许多接受过脑部手术的人都会听从医生的告诫："活下来就很幸运了，忘了马拉松比赛吧。"但对于路易斯来说，他的目标让生活又充满了激情："在那个时候，跑步成了唯一让我感到胜券在握的事情。"

在脑部手术整整一年后，路易斯跨过了芝加哥马拉松比赛的终点线。他回忆道："记得我当时回头看赛道，大概是在最后 1 英里（约 1.6 千米）时，我无法抑制内心的喜悦，我喜极而泣，一直流着眼泪冲过终点线。就在一年前，我还站在那里，不知道还能不能活到第二年。"

从那以后，路易斯一直在坚持参与马拉松运动，甚至成为一名超级马拉松运动员，参加了 100 英里（约 160 千米）的比赛。为了战胜病魔，他为自己设定了一个极端的目标，再通过日复一日单调乏味的物理治疗和强化锻炼，去实现自己的梦想。

从脑癌中恢复当然比负责一个令人瞩目的新项目有更高的风险，尽管在进行项目的过程中也会出现恐惧和焦虑，但远比不上失去生命的威胁。我们可以从路易斯的故事中学到一些重要的道理。

他本可以听从旁人的警告放弃马拉松，以免让自己的希望落空，但相反，他认识到了拥有一个极端目标所带来的巨大力量。朝着有意义的事情努力迈进时，目标可以帮助你忽略那些琐碎步骤。所以就像在前文中提到的"为兴趣而努力"，这里的"兴趣"不是一个在自己能力范围内可控的目标，而是一个非凡的目标。

像路易斯一样，年轻的爵士音乐家玛丽也是这样做的。

我们都听说过一个关于卡内基音乐厅的笑话：一天，一个小提琴家在去表演的路上迷路了，他拦下一个角落里的老人，问他怎么去卡内基音乐厅。这位老人看着小提琴家和抱在他怀里的小提琴说："练习，除了练习还是练习！"

但实际上，还有另一种方式也可以走向卡内基音乐厅。个人或组织可以通过租借卡内基音乐厅来举办私人活动。当玛丽得知这个消息时，她激动不已地说："在一位音乐家的艺术生涯中，他可以获得不同等级的认证，而进入卡内基音乐厅演奏是顶级的认证，即使这是自己租来的，也仍可以说明他在事业上达到了一定水准，这样才能够有足够的听众填满座位，并为此付费。"

那么租赁费是多少呢？不到 6 000 美元。玛丽回忆道："我当时想，'酷，我能做到，这并不难'。"

然而，这只是开始。她说："后续还有更多的费用，诸如 15 000 美元的工会费，所有的工作人员、门票、舞台道具，在这里做的每一件事都要花钱。如果想在舞台上使用道具，就必须雇一个道具师傅；如果想要用一个麦克风，也需要额外花钱；如果想播放视频，那必须支付录制费用。"这仅仅是租用音乐厅的费用，还不包括付给乐队中其他音乐家的费用。

总体算下来，租用卡内基音乐厅的费用达到了 4 万美元。这对任何人来说都不是一笔小钱。而对于玛丽来说，这更是她几乎不可能担负得起的巨款，她和她的猫当时只能在布鲁克林远郊的一个单间工作室里勉强度日。玛丽说："这一晚的演出支出几乎是我前一年总收入的 3 倍。"但她的乐队同伴对前景感到兴奋，她也开始筹集资金来赞助这场音乐会。抛开令人震惊的巨额资金不谈，她觉得不管怎样，她都会成功的。

她花了几个月的时间联系赞助商，甚至以曾经的社交媒体顾问身份去做兼职，从而获得资金。她说："在筹款过程中，有很多奇迹一般的胜利时刻，让我信心满满，充满希望；当然，也会有挫败的时候，我也担心自己需要用余生来偿还这笔钱，甚至觉得自己马上就要破产，无家可归。"但她始终没有放弃，她用这个极端的目标作为动力，拼命工作，直到最后一刻才筹集到足够的资金。多年后，这段经历仍然影响着她。她说："我认为直到今天，这仍然是我做过的最艰难的事情。但也因为这段经历，我可以自信地说，'我在卡内基音乐厅演出过'，人们听到这句话的时候都会对我刮目相看。"

很多时候，我们基于目前的情况去思考"我能从这里走到哪"，这本身就是错误的问题。如果你只从现状出发，就把自己限制在了看似可以达到的范围之外。然而正如路易斯和玛丽的例子，有时候我们需要的是极端的，甚至是听起来不可能实现的目标。这才是我们最感兴趣，也是最能激励我们的目标。

当我们选择为了兴趣努力时，我们实际上也是在对未来的自己进行投资。我们不知道未来的路会通向哪里，而这正是关键所在。**成为长期主义者意味着要为不确定的未来做好准备，因为既然我们决定投入长期的努力，我们就必须充分利用好生活中的每一个机会。**对玛丽而言，她后来将自己做社交媒体顾问的副业发展成了一个成功的社交媒体咨询公司，就像编写了一出音乐剧或电视剧一样。

相信通过这一章的内容，你已经开始为自己设定目标了，或者至少确定了让你兴趣的领域。但是，你怎么确定哪个是最有希望获得成功的目标呢？你应该优先考虑哪件事？在全身心投入努力之前，你是否有办法做一个综合的评价呢？

很幸运，答案是："有。"

战略性耐心养成清单
THE LONG GAME

1. 找到兴趣点的 4 个方法：
    - 看时间花在了哪里；
    - 寻找感兴趣的事情之间的共性；
    - 回想自己的初心；
    - 问自己想成为怎样的人。
2. 追求我们真正想要的终极目标，而不是为了避免无法实现的尴尬，选择退而求其次的简单任务。

04

THE LONG
GAME

第 4 章

——

只用 20% 的时间检验目标的可行性

"

要在实力雄厚的时候

去勇敢尝试，

而不是在毫无退路的时候

拼尽所有。

"

2015 年 12 月末，你在纽约市到处都能看到树枝间闪烁着的灯光，第五大道的店面橱窗里陈列着精美的圣诞展品。当人们都在庆祝圣诞节的时候，我却在床上缩成一团，瑟瑟发抖，发烧咳嗽，不知道自己到底怎么了。

那一年，我为了宣传我的新书《脱颖而出》做了 74 次演讲，其中大部分时间需要出差去往其他城市。演讲频率为每周一次或两次，我要爬上出租车前往机场，随便找一家营业至深夜的餐馆用乱七八糟的食物填饱肚子，如此反反复复。当我发着烧翻来覆去时，我突然想到：如果我总是不回家，那为什么还要住在纽约这座世界上生活成本最高昂的城市呢？

那时距离新年只有几天了，我下定决心，至少每周参加一次具有纽约特色的活动。我不太想去看电影，因为不管影院场地有多好，影片制作得多精致，我都可以在任何地方观看。去看一场百老汇的表演倒是非常有意思，我住在这座城市一年多了，却只看过一场百老汇的演出，还是为陪一位外地游客去的。

就这样，我和布鲁斯·拉扎勒斯（Bruce Lazarus）以及他的儿子一起匆忙经过洛克菲勒中心的那棵圣诞树，前往百老汇观看音乐剧《欢乐之家》（*Fun Home*）。几周前，我曾在一个专题讨论会上见过布鲁斯。他是法国塞缪尔公司的领导，这家公司主营戏剧和音乐剧。《欢乐之家》就是他们出品的作品之一，布鲁斯还有一张多余的观影票，他邀请了我，我立刻答应了他。

我是听流行音乐长大的，对舞台音乐剧接触较少，我们小镇的学校也没有戏剧系，所以我从来都不是百老汇的粉丝。我妈妈曾想尽办法让我接触这类文化，比如那次带我去北卡罗来纳州首府罗利看《猫》（*Cats*）的巡回演出，但这部剧让我大惑不解，我完全不明白它在表达什么，或许是因为这部剧根本就没有情节。

但是《欢乐之家》不一样，它让我欣赏到一场精彩的表演。第二天早上，我很早就醒了，去了家附近的一家咖啡馆，我的脑海里冒出了一个从未有过的强烈的想法：我要写一部自己的音乐剧。可是我并不知道该怎么做，于是在网上搜索了"如何写音乐剧"，我下定决心要努力学习。

探索兴趣点要在低风险下进行

谷歌公司在 2004 年上市时，推出了一个令人兴奋的概念：20% 时间制。创始人瑟吉·布林（Sergey Brin）和拉里·佩奇（Larry Page）在首次公开募股信中写道："我们鼓励员工在常规工作时间外把 20% 的时间花在自己认为对谷歌最有利的事情上，这赋予了员工们更丰富的创造力和创新能力，我们许多的重大进步都是以这种方式取得的。"谷歌新闻和谷歌邮箱都是"20% 时间制"的试验产物。"时间制"这个概念最初是由美国 3M 公司创造的，该公司允许员工利用 15% 的时间进行创新，从而产生了像便利贴一样的创意。

留出时间去试验，看看你的激情会给你带来什么好处，这是一个很可行的想法。在第 3 章中，我们讨论了确定自己兴趣的方法，但是，"感兴趣"与"去谋生"之间存在着巨大的鸿沟。这就是"20% 时间制"的作用，它允许你在低风险的情况下探索自己的兴趣，发掘自己的潜力。

然而，要拿出这 20% 的时间去探索并不容易。人们都很忙，不是每个人都愿意在紧张的日常工作之外再增加额外工作的。正如雅虎前首席执行官的玛丽萨·迈耶（Marissa Mayer）所说："谷歌'20% 时间制'的狡猾之处在于，它实际上是 120% 时间制。"换句话说，这些特殊项目是"你必须在正常工作时间之外做的事情"。

几年前的一项统计结果表明，只有 10% 的谷歌员工实施了"20%时间制"。即使公司很提倡这个制度，但对于处在一个繁忙的工作环境中的员工来说，这样的结果并不令人惊讶。大多数专业人士都专注于履行他们的日常职责，他们从未努力去实施"20% 时间制"，但正是这样，才为你创造了一个机会。

大多数人都没有足够的时间和精力去承担无足轻重的项目，但是你如果能在尚有余力时努力抽出 20% 的时间去做些新的尝试，你通常会获得意外的机遇，你的经验或许会给你的生活带来翻天覆地的变化。

这就是发生在亚当·鲁克斯顿（Adam Ruxton）身上的真实故事，他是美国 X 公司机器人项目的市场主管。美国 X 公司的前身是 Google X 公司，谷歌旗下 Alphabet 公司的月球发射工厂中心已经围绕无人机送货、自动驾驶汽车等方面推出了一系列举措。亚当是爱尔兰人，从 2011 年开始在谷歌都柏林办事处工作。当年年底，他就自愿拿出 20% 的时间来帮助伦敦办事处布局，在其他欧洲国家引入谷歌应用程序。

他将这种做法视为职业发展的一种形式，他说："谷歌的市场项目是跨学科的，所以我们会被鼓励去参与不同团队的工作。你会看到别人是怎么工作的，会看到不同的产品，获取到不同的用户需求，你可以把这些知识运用到你的下一个岗位中。"按照亚当的思路，你可以先从提出问题开始，然后跟其他团队中相熟的人约杯咖啡，顺便问问：你现在最重要的工作是什么？进展得怎么样？是否需要什么帮助或者出出主意来解决问题？

你得想好如何为他人提供帮助，因为你无法要求人家分给你一个有趣的项目。亚当说："你不能只让人觉得你单纯而善良，你得明确表示你可以为他们分担工作。"正如亚当所说："如果你说，'我读了几篇文章'，或是'我找到一个装置'，又或是'我有个主意，这是未来几个月或几年你需要去的地方，不知道这些能不能帮助到你，而我很乐意每周花几个小时来帮你'，那么别人很难拒绝你。"他说："这只是你的开场白，如果有合适的时机，你自然会被邀请参加更多会议，你在圈子里的地位也会越来越高，最后就会被委托参与一些重要的工作。"

亚当就是这样第一次与 X 公司接触。一位同事找到了一份工作，从事的是自动驾驶汽车项目，亚当非常想参与其中。他回忆道："当我意识到机会来了，我用了一种非常花哨的口吻表达恳求：我能帮忙吗？我对未来的自动化技术以及他们的项目非常感兴趣。我真的很兴奋。"他花了几个月的时间在一个研究项目中做志愿者，去了解客户是如何学习和使用新技术的。亚当知道，他的工作没为自己的职业生涯掀起任何波澜。他说："在'20% 时间制'的角色中，我没有资格干预太多，也没有资格按个人意愿做事。我只能充当一个填补空白、提供帮助的角色。"

不过没关系。除了最初利用"20% 时间制"与伦敦团队合作的项目外，他还参与了其他无数有趣的支线项目。他与一位同事合作，利用"小型团队预算模型"创造了一种完全沉浸式的 360 度虚拟体验技术，帮助企业更好地了解客户的在线体验。目前，该项目已经正式启用，在全球有数以万计的客户。

不管项目的结果如何，亚当都坚持做志愿者并从中结识新的朋友。不久后，Google X 宣布将品牌重塑为 X 公司。当然，新的团队需要营销方面的人才，而招聘负责人恰巧与亚当合作过。因此，亚当获得了一生中难得的机会：在谷歌旗下的 Alphabet 公司月球发射工厂中心工作，并帮助其进行品牌重塑。

事实上，即使你在提倡这一概念的公司工作，想要留出额外的 20% 时间也依然富有挑战性。**你必须付出额外的努力，顶住日常工作中的其他压力去创造机会，但是战略性尝试的回报是丰厚的。**亚当说："如果你能深思熟虑、积极主动，你就能为自己争取到机会。"

当你获得新的技能和人脉，想通过压力检验那些让你感兴趣的概念是否站得住脚时，不妨继续问问那些关键问题：进一步探索之后仍然觉得感兴趣吗？其他人也对此感兴趣吗？自己是否有机会参与进去，贡献一份力量？

"在风险管理和银行业，人们谈论的是确定性与影响。"我们在前言中提到的创新战略家乔纳森·布里尔说，"如果你投资债券，这是一项非常具有确定性的投资，所以你不会获得丰厚的回报。但是，如果你在 2001 年投资 SpaceX 公司，则有希望能获得丰厚的回报以弥补它带来的风险。"

一家只以月球技术作为主营业务的公司可能会取得惊人的成功，也可能会一败涂地。这就是亚当所在的 X 公司只是 Alphabet 公司的子公司的原因，而这个道理对个人来说也同样适用。

一些人敢押上一切做赌注。这让我不禁想到 SpaceX 公司创始人、特斯拉的首席执行官埃隆·马斯克。凭借自己坚定不移的信念，他几乎将自己在 Paypal 积攒的 1.8 亿美元全部投入到了 SpaceX 公司和特斯拉公司。据他描述，他在 2009 年底耗尽了所有现金，也是从那时起，他逐渐成为世界上最富有的人。但是，他的"孤注一掷"策略并不是一个普适的成功秘诀，成千上万的潜在"马斯克"也在加倍投入，但最终却失去了一切。他们的故事永远不会出现在《财富》杂志或者《金融时报》上。

我们大多数人采取了保守的做法，既然知道风险很大，就更加谨言慎行。我们去父母建议的大学或研究生院求学，找一份稳定的工作，按部就班地生活。用乔纳森的比喻，这就像买债券，你知道你不会成为亿万富翁，但你也不太容易破产。当然，这样做也存在弊端，因为人们寄予生活的意义不仅仅是"不破产"。

如果有第三种方式呢，一种可以平衡类似马斯克的创新风险与我们养家糊口的安全感的方式？就其核心而言，这就是"20％时间制"所提供的。

乔纳森把这个方法应用在了自己的生活中。每年，他都优先保证获得他所谓的"心跳收入"，这是一个能够支付抵押贷款并满足他所需的最低生活水平的资金基线。在此基础上，他还会积极寻找机会，他说："我想，我可以把20％的时间花在那些高风险的项目上。"

有了合适的机会，就会有丰厚的回报。2015年，他在意大利的米兰世界博览会上发现了一个机会，这次展会以食物为主题，这正是他想研究的一个领域。乔纳森发现，这个活动有很多繁文缛节，业内的资深人士都陆续离开了，这对他来说是个机会。他在这次展会美国站的早期规划中发挥了主导作用，如果一切顺利，"我可以获得10倍的回报"。最重要的是，不管发生什么事，他都能够找到受益的方法。

他说："我想了解更多政府政策，进一步了解食品领域，并在这个领域建立关系网。即使做不到以上这些方面，我的这一行为也可能会给我带来新的业务机会或是一些独特的经验。作为一个小企业经营者，我可以了解到政府最高层的工作流程。"这些成果足以让这次经历变得物超所值。有时，当你摆正了自己的位置，新的机会就会与你不期而遇。乔纳森说："通过那次学习，我为一家食品和饮料公司提供了高级咨询服务，做成了上百万美元的生意。"

我们无法预判哪些经历可以带来回报，也并非每次经历都会有回报。比如，亚当在 Alphabet 公司里的某些"20% 时间制"项目虽毫无进展，但其中一个项目让他找到了梦想中的工作；乔纳森通过他世界博览会志愿者的努力获得了一份巨额的合同，但这也同样可能会成为泡影。问题的关键是抓住机会，接受一些事情的失败，相信总有事情会成功，虽然这个过程可能会显得愚蠢、无意义或者毫无成效。乔纳森说："你必须愿意度过一段时间的沉默期，拿出 20% 的时间去做一些尝试，短痛是不可避免的。"毕竟，如果这是一个完全安全的赌注，它将只是一个"债券"，而不是"SpaceX"，获得超额回报的机会为零。

你得有一条底线，你下的赌注永远不应该超过你能承受的损失。这也是只付出 20% 的时间的原因。但是你确实需要去试一试，否则你可能一辈子都在一遍又一遍地做同样的事情。有些人在结局无法挽回时才突然想去尝试，而此时他们的幻想已经破灭了，只能背水一战。乔纳森说："这时已经错过时机了，而且太晚了，开发副业需要时间，要在强大的时候去勇敢尝试，而不是在毫无退路的时候拼尽所有。"

通过坚持不懈的努力，即使只投入 20% 的时间也能带来改变生活的意外回报。2016 年，我是以"复仇"的方式开始的。我不仅跟朋友布鲁斯一起观看百老汇音乐剧，我还开始研究邻里关系，并创建了愿望清单。每周，我都会做一件清单上列出的事情：我步行游览了伯勒公园，一个传统的哈西德派社区；参观了皇后区的移动影像博物馆；争取到了一个录制尚未播出的电视节目的邀请；参加了在历史悠久的耶鲁俱乐部举办的活动；还参加了一个水下自行车班去燃烧更多的热量；还在巴克莱中心的包厢里看到了芭芭拉·斯特雷桑德（Barbra Streisand）。

每一次活动无论是否精彩，都是一种学习体验，也可以是日后闲聊时的好故事。例如，去巧克力工厂看歌剧版《麦克白》（Macbeth）的演出，听起来是个不错的体验，但我们到了那里才发现剧场里没有暖气，而那会儿正值 11 月。不过，这些都是"小赌"，通过自己的亲身体验，我们找到可以与自己的兴趣引起共鸣的微观试验。这些"小赌"无须投入过多精力，有些活动只需体验一次就够了，比如我很喜欢我的钢管舞健身课，但我不会再去上这门课了。

　　不过，也有些"小赌"的活动让我坚持了下来。在一个朋友的建议下，我报名参加了一个单人脱口秀班，这是我以前从未做过的事情。我花了三个月的时间参加每周的课程，并在曼哈顿附近的脱口秀俱乐部进行了表演。

　　我还对观看《欢乐之家》后产生的想法念念不忘，我也不明白这是为什么，就是觉得自己必须开始写一部音乐剧。我在网络上搜索如何创作，可并没有得到什么帮助。一部音乐剧应该有多少首歌？应该如何构建一部剧的框架？谁能帮忙作曲？我在自己的创作热潮中废寝忘食，连续几个周末我都在为一部关于企业家精神的音乐剧创作剧本和歌词。这部剧的主要内容是，在互联网时代，如果不付出真正的努力，该如何在商业中取得成功。我觉得内容并不出色，但也不知道该如何修改。

　　一个月后，我参加了一个会议的晚宴。当晚，大家是随意就座的，我旁边恰好是一位成功的音乐剧作家。当我向他讲述我的故事时，他给了我一个明确的建议："你必须加入 BMI 工作坊。"自 1961年以来，BMI 广播音乐协会一直在开办讲习班，培养音乐剧作曲家和作词人。它被视为全美最好的培训项目，因为如果能够通过严格的申请程序，就可以享受两年完全免费的指导。因其对音乐剧人才培养方面的贡献，该项目在 2007 年获得了托尼奖特别奖项。

　　我把之前创作的歌词拼凑起来，然后提交了申请，结果被断然拒绝，甚至连第一轮都没有通过。这当然让我很失望，但是我可是长期主义者。我想，这些人还没有见识过我的实力。

找到通往目标的明确路径

　　开展一个"20% 时间制"项目听起来很有吸引力，谁不想学习意大利语、上钢琴课，或者写小说一部呢？这是我们多年来一直真正想要做的事。

　　所以我们在本书的开头先讨论了如何简化你的日程表，以便创造更多留白空间，并一再强调忙碌不是成功的标志，相反，这是一件需要尽力避免的事情。我们要学会分秒必争，因为你会获得丰厚的回报。你可以像乔纳森一样建立重要的商业联系，从而获取商业利益；也可以像亚当一样，向潜在的新招聘经理展示你的实力，从而获得一份工作。

　　即使你不知道自己职业生涯的最终目标是什么，执行"20% 时间制"仍然是一个好主意。这就是大学教授玛丽娜·科科伦（Marlena Corcoran）的发现。20 年前，她丈夫得到了一个教职，她就和丈夫一同搬到了慕尼黑生活。抵达慕尼黑后不久，她收到一封电子邮件，询问她是否愿意在布朗大学的校友访谈项目中担任波兰地区的主席，志愿组织活动。可是慕尼黑并不在波兰，她回忆道："联系我的那位校友非常绝望。"因为他们很难和波兰申请者取得联系。玛丽娜的祖父出生在波兰，这让她立刻明白了原因：在一个研究人情的国家里，你不能用冷淡的态度与人沟通，于是她在后面的沟通工作中做出了调整，结果那一年来自波兰的活动申请率达到了 100%。

她的成绩给布朗大学的活动管理者留下了深刻的印象，她从一名志愿者迅速被提拔为东欧地区主席，接着又成为欧洲、非洲和中东地区主席。她回忆道："我觉得自己的想法没错，我们不能照搬以往在其他地区的模式。与其让校友与申请人在星巴克程式化地见面，不如让他们产生关联，不管他们在哪里，都可以产生亲近感，无论是种族、专业、学习意愿，还是其他事情上。"

她从自己的工作中获得了很多成就感，特别是在德国担任兼职教师期间，她一直在努力寻找一个长期的职位。获奖后，玛丽娜意识到她可以将帮助国际学生申请美国精英大学作为自己的创业项目，把"我的志愿者经历转化为我的终身工作"。玛丽娜利用"20% 时间制"发现了自己新的职业方向，正如她丈夫所说："你现在有了人人梦寐以求的教学工作。"

有些人已经对自己的职业生涯方向有了大致的认识，只是不确定要走哪条路。如果是这样，"20% 时间制"也许能帮上忙。

贝基·拉斯特（Becky Last）曾在旅游业工作了 15 年，但当她离开了旅游业后，又发现自己很想念这一行。她不知道如何再次进入这个行业，所以决定在澳大利亚国际志愿者组织（相当于该国家的和平队）做一年志愿者，协助太平洋岛国瓦努阿图的旅游部工作。她回忆道："我的朋友认为这是一个糟糕的主意，但我的直觉告诉我这是对的。"这将是她重新与她热爱的行业建立联系的机会，在这个过程中还可以帮助其他人。

但是事情并没有按计划进行。她回忆道："在我任职不久，一场 5 级飓风席卷了瓦努阿图，几乎一夜之间摧毁了这个部门。"与其他所有人一样，部门里的大多数工作人员都忙于重建自己的家园。这时，贝基站了出来，她说："作为少数几个有能力继续工作的人，我承担起了分析损失的工作，并起草了一份部门恢复计划，这远远超出了我的工作范围，也超出了我的个人经验。"虽然她从未做过这项工作，但她还是努力完成了。

贝基一头扎进瓦努阿图的重建工作中，与世界银行和其他捐助组织密切合作，她说："有两个组织在灾后聘请我担任旅游顾问，旅游部又支持我在瓦努阿图工作了两年。"如今，贝基是世界银行集团的一名全职员工，负责太平洋地区的一系列旅游开发项目。她明确地知道自己想以某种方式重新与旅游业联系起来，但行动的路径很模糊。
她跟随自己的直觉，利用做志愿者的时间开发了不可思议的新技能，
并创造了一个她意料之外的工作机会。

有效利用 20% 时间的 6 种方法

"20% 时间制"的另一个可贵之处是新的努力往往需要一段时间
才能转化为收入来源。克里斯蒂娜·瑞安（Christina Ryan）现在是澳
大利亚的一名非营利组织的领导人，她一直为社会正义问题而奋斗。
她回忆说："我长期致力于妇女权利方面的工作，并参加了各国代表
残疾妇女的工作组。在过去的 15 年里，她一直是这类活动的志愿者。

之后，克里斯蒂娜慢慢成为妇女权利领域公认的专家，还曾代表
澳大利亚前往纽约参与联合国就重要妇女权利协议的谈判。"渐渐地有
许多组织委托我为女性或残疾人发声。"最终，她出色地完成了这些
工作，并获得了报酬，她说："接下来的 10 年里，我的志愿工作成了
我的专业技能。"

然而，有时候，执行"20% 时间制"的理由很单纯，因为你想
实现一个梦想。

你有无数借口去逃避一个你想实现的梦想。作家兼演说家佩特拉·科尔伯（Petra Kolber）在 56 岁时就萌生了一个大胆的想法——成为一名 DJ。但让她犹豫不决的部分原因是拖延症，她自己也很困惑，不敢相信自己真的能成功。另外，她也很追求完美。她说："如果我真的去做 DJ，我就想把它做好。我可不愿意表现得平平无奇，我要让所有人感到惊讶。"

当你去尝试一些你从未做过的事情时，"完美"是一个非常高的标准。我们都面临着各种障碍，如果想利用好这 20% 的时间，巧妙地完成既定目标，那么我们需要学会如何以智取胜。你不妨试试这 6 种方法。

方法 1：获得支持

当佩特拉宣布她学习做 DJ 的计划时，一位玩音乐的朋友送了她一套可以混音和试听音乐的设备。她的朋友保证道："我来帮你做好准备。"

佩特拉说："如果你没有一位有责任心的搭档，或者你无法大声说出你的目标，那就把它写下来，当遇到困难想要放弃时，就拿出来读一读。一个人去努力一定会很难，因为那种感觉孤立无援，特别是在看到其他人总是毫不费力就能取得成功。"她的"解药"就是来自朋友的支持。

方法 2：聘请教练

　　佩特拉有她的朋友帮忙出主意，但并非所有人都认识相关领域的专家。我们可以在网上学到很多东西，但是有一个更直接的学习方法，就是聘请一名教练。扎克·布雷克（Zach Braiker）就是这么做的。扎克是一家营销和创意咨询公司的首席执行官，一直酷爱文学。他回忆道："在高中和大学里，文学一直是我最喜欢的课程，老师也一直激励我活出自己的精彩人生。"但是作为一名忙碌的 CEO，他没有时间随心所欲地阅读，即使在读过某本书有些收获时，也找不到能和他一起讨论的人。

　　但是疫情让他明白了一些事情。他说："在隔离期间，日常琐事的折磨、焦虑，居家办公的高压，疫情形势的不断变化，死亡人口的日益增长……这些对我产生了很大的影响。虽然我想要做自己喜欢的事情，但我不得不经常做出妥协，把注意力放在紧急却不重要的事情上。"而现在，他不会再让这种情况发生了。他说："我做了一个选择，或者说一项投资，把我所热爱的事情放在首位，并认真地去追求。"

　　扎克聘请了一位文学导师，虽然很多人想不到还可以这样做，但扎克想，既然有这么多在线导师，肯定会有人愿意和他聊聊文学。因此，他访问了各类平台，最终从墨西哥的一所大学聘请了一名懂英语的文学博士生。每周五的晚上，他们都会聚在一起讨论这周阅读过的短篇小说，他们从萨尔曼·拉什迪（Salman Rushdie）聊到雷蒙德·卡弗（Raymond Carver），有时也会聊到厄休拉·勒吉恩（Ursula Le Guin）、裘帕·莱希里（Jhumpa Lahiri）。

扎克说："首先，我们讨论是否在内心深处喜欢阅读这本书，以及喜欢的原因。我们轮流阐述，然后挑选一个角色，开始分析其动机，以及这个角色让我们吃惊的地方，再讨论其行为。然后我们会讨论这个故事是如何构建的，作者如何让故事变得栩栩如生。我们研究语言、节奏和写作手法。"

有人可能会问，他为什么要如此大费周章？阅读当然很棒，但是为什么要花钱请导师呢？扎克说："阅读能给我带来能量，能够培养我的好奇心，我喜欢体验书中的世界，这让人耳目一新。我也很喜欢听导师的观点，她很敏锐，总是以我从未想过的方式看待一个故事，而她国际化的背景也会带来一种全新的视角。"扎克很清楚这样做的意义："我希望我的生活中有更多文学作品，因此，我不会轻易放弃。"

扎克的策略适用于许多领域。在我申请加入 BMI 工作坊被拒后，我决定第二年再试一次。但是我不想再犯同样的错误，所以请了一位导师。通过一位朋友，我与克里斯蒂安娜·科尔（Christiana Cole）取得了联系，她是 BMI 工作坊高级班的作词家和作曲家，她分析了我提交的资料，提供了修改建议，并帮助我调整了申请稿。多亏了她的帮助，我在第二年被录取了。

方法 3：设定期限

把事情推到明天做很容易，当你不那么忙的时候，未来就会有很多时间，但问题是你一直在忙。

为了能让自己马上行动起来，每个人都需要一个期限。这正是佩特拉在她的书《完美排毒》（*The Perfection Detox*）发布会上提到的。在台上，采访者抛出了一个问题："佩特拉，你下一步计划做什么？"她原本并没有计划发表什么声明，但她当场提到了自己想做 DJ 的梦想。当天晚上，一位承办北美最大的健身活动的朋友与她联系，并用命令的口吻说："一年后，也就是明年 8 月，你来为我们的 VIP 派对做 DJ。"

佩特拉回忆说，这件事就像做梦一样。"我想，好吧，反正是一年后，管他呢！"但是随着时间的推移，佩特拉逐渐意识到她的承诺有多么难以实现：为一场 600 人的著名活动主持会后派对。她说："我害怕看到一个空荡荡的舞池，我有责任让大家嗨起来，一旦不成功，我可能会被公开羞辱。"

随着最后期限的临近，她不再犹豫了。学做 DJ 成了一件很严肃的事情，所以她加紧训练。

方法 4：不断学习

佩特拉在 VIP 派对上的表演非常成功，甚至可以说是一鸣惊人。她说："我知道他们想听什么歌。"对大部分人，尤其是不打算把"20% 时间制"项目变成全职工作的人来说，一旦大型活动结束，很容易松懈。这种做法当然是错的，因为投入了这么多精力，你需要合理安排时间去巩固学习成果并不断成长。

因此，当佩特拉参观她在纽约市公寓对街上的一家屋顶酒吧时，她看到了一个机会。她问酒保："你们招 DJ 吗？"酒保告诉她，酒店刚刚推出了新的系列活动——屋顶上的玫瑰，让她没想到的是，他们竟然要求她下周就开始表演。她说："这太神奇了，我竟然有机会认识附近的人，有机会尝试一种不同的 DJ 风格。而且，我不再是在酒吧里蹦迪的人，而是在背后进行 DJ 现场演出的人。对我来说，这是一个以较低风险练习的好方法。"

她利用这个机会去进行音乐冒险。她说："我尝试做过一些混搭，有时候会从《汉密尔顿》转向吹牛老爹（Puff Diddy）[①]的作品。我当

[①] 本名尚恩·约翰·科姆斯，美国说唱歌手、唱片制作人、演员、商人，歌曲类型多为 Hip-Hop、饶舌等。——编者注

时想，'这听起来像同一个节拍，试试看吧。'"她在不断学习和提高，但如果有些方式暂时不奏效，也不意味着必须放弃。

受到做 DJ 经历的启发，佩特拉决定在两年后再冒一次险去实现一个长久以来的梦想，当一名"数字游民"①，并花一年时间环游世界。最后，她真的做到了。

方法 5：即使失败也要有收获

有一个化解"20% 时间制"风险的终极方法，能够确保即使在"20% 时间制"项目中失败了，仍然可以有所收获。乔纳森在参加世界博览会项目时就是这么做的，他知道无论结果如何都能够培养自己新的技能，建立有价值的人脉。即使没有重大突破，能够保证自己从这样的机会中获得最小利益也是一种收获。也许这 20% 的时间能让你接触到一个新的行业，帮助你在一个新的地区建立新的联系，让你学会使用一个新的软件，帮助你练习演讲等有价值的技能……如果这种最小利益也能够吸引你，那么这个项目就是一个很好的选择。这样的工作、咨询机会或其他意外的事情所带来的好处都算是锦上添花。

---

① 网络用语，指无需办公室等固定工作场所，而是利用网络数字手段完成工作的人。

方法 6：以十年为单位思考

有一句话很有道理：我们高估了一天内能完成的事情，却低估了一年里能完成的事情。不仅如此，我们还从根本上低估了我们在十年内能完成的事情。就像投资股市一样，当你把时间投资在"20% 时间制"项目上时，"复利计息"的力量是巨大的。起初看起来不太起眼、毫无意义的事情，最终会让你和竞争对手之间产生巨大的差距。

戏剧界常说，一场演出平均需要 7 年时间才能进入百老汇。前提是，你必须写出这部剧，而且要写得足够好，好到连自己都会感到骄傲。然后，你需要为后续的工作筹集资金，并继续打磨剧本以吸引制作人的目光，这样他们才会筹集到更多资金用于进入百老汇之前的展示，比如《汉密尔顿》就是从纽约市的公共剧院开始上演的。许多节目在百老汇演出之前会先在波士顿、芝加哥或圣地亚哥等城市进行试演。所有准备工作都完成后，才有机会去"不夜街"。这样算下来，一部在百老汇成功上演的戏剧成本在 400 万美元左右，而一部音乐剧的成本则会在 1 500 万美元以上。即使在疫情对该行业造成严重破坏之前，这也是一个缓慢而艰难的过程，所以你要有耐心。

这就是为什么我在 2016 年第一次想到要写一部音乐剧时就制订了一个十年计划，终极目标是让我写的音乐剧在百老汇成功上演。我知道自己需要很长的时间来学习制片，磨炼技能，建立人脉，并推动项目向前发展。我不知道自己能否写出一部音乐剧，并在 2026 年登上百老汇的舞台。或许随着时间的推移，我的优先事项会改变，也可能外部世界的环境会改变。

但我知道，如果我没有制订并实施这个长期计划，我的梦想就不可能走得长远。此后的几年，我从一个普通的新手成长为了一个合格的音乐剧作词人，还接受了世界上最好的培训项目。我知道我需要与制片人建立联系，所以从 2017 年开始，我还和我的朋友阿莉萨一起投资百老汇戏剧以及其他戏剧作品。我们现在已经投资了 3 部百老汇戏剧，其中一部多次获得托尼奖，还有一部在澳大利亚和新西兰举办了巡回演出。在这个过程中，我们结交了 24 位制片人，并与他们成为朋友。我做的这些事不一定能保证目标成功实现，但是认识正确的人、做正确的事会让我对实现目标的过程有更多了解，况且这也没有什么坏处。

很多专业人士对自己很苛责，因为他们还不知道自己的终极愿景。但这真的没关系，又有谁知道呢？事情总是在变化的，成功的部分原因是抓住了无法预测的新机会。"20% 时间制"给了我们一个很好的"礼物"。即使我们改变最终计划去走不同的路，我们现在所走的每一步也会随着时间的推移而汇合，并在未来给我们创造更多的选择机会，尤其是我们以十年为单位进行长期思考的时候。

有了"20% 时间制"，我们可以不计后果地去试验，去学习。但是一个重要的问题也出现了：一旦我们发现了一个有希望的想法或概念，下一步该何去何从？我们该如何开始？如何让它成真呢？

战略性耐心养成清单
THE LONG GAME

1. 检验目标是否可行的 3 个问题：

- 进一步探索后仍然觉得感兴趣吗？

- 其他人也对此感兴趣吗？

- 自己是否有机会参与进去，贡献一份力量？

2. 坚守一条底线：你下的赌注永远不应该超过你能承受的损失。

3. 有效利用 20% 时间的 6 种方法：

- 获得支持；

- 聘请教练；

- 设定期限；

- 不断学习；

- 即使失败也要有所收获；

- 以十年为单位思考。

05

THE LONG GAME

第 5 章

——

用波浪式思考制定策略

"

花费时间在理解工作本质和

运作方式上，

会让之后的行动事半功倍。

"

我们都知道一个简单的道理，你不可能同时完成所有事情。但是，许多有才华的专业人士却陷入了一个误区，他们通常会选择一项自己擅长的事情一直做下去。

的确，在某种程度上，这样做会让人感觉很有成就感，但最终，他们会感到沮丧：为什么职业发展的速度没有加快？为什么感觉自己到了一个瓶颈期？

通常，这是因为他们高估了自己的实力，忽略了自己的薄弱之处，或者他们对新事物提不起兴趣，再或者是因为害怕冒险。比如一位作家很容易写出一本书。他知道如何研究，怎样把想法落在纸上，所以他会一直这样做，并以为这就是成功的法则。然而，如果他多花些时间接受采访，参加网络研讨会，通过演讲和文章来推销自己的书，他就会取得更大的成功。很明显，我们很多人都陷入了对自己的错误认知中。

成功的秘诀是了解你在一个项目中所处的位置，并及时做好全力向前或转移焦点的战略性选择。接下来我们将讨论如何做到这一点。

战略性地确定关注点

通常，把精力集中在一个关键目标上来获取最大收益是比较容易做到的，所以，最重要的是问问自己："我现在可以在哪里获得最大的投资回报，我怎样才能将投资收益最大化？"当你集中精力做一件事情时，你就更容易脱颖而出。

这是我开始参加"文艺复兴节"时的策略。这个活动与以中世纪为主题的文艺复兴博览会不一样，"文艺复兴节"是 1981 年由菲尔和琳达·拉德（Linda Lader）为朋友在新年期间的聚会而提出的。后来，菲尔在克林顿执政期间出任了美国驻英大使，随着这一身份的变化，这个活动也就发展起来了。最终，它吸引了超过 1 000 名高层人士参加，还有传言说前总统克林顿和其他名人也会定期出席这场非正式活动。作为一个在北卡罗利纳小镇长大又痴迷于政治的青年，我一听说这件事就迫切地想参与其中了。但我根本不知道自己要怎么参加，我父母跟这个活动也毫无关联，但是我很确定自己的心意。

十多年过去了，我仍然不知道当时有谁可以帮助我参加这个活动。活动网站上明确写着：仅限邀请。但是我决定无论如何都要尝试一下，于是我发自肺腑地写了一封信，介绍了我的资历（虽然时年29 岁的我并没什么像样的资历），表达了我长期以来想参加这个活动的渴望，询问他们是否会接纳我。令我惊讶的是，几个月后他们寄来了一张卡片，没有任何解释，也没有附函，只有一份接下来四次聚会的清单和登记表。虽然那时我做生意才两年，手头的资金仍然紧张，但我怕他们会取消邀请，我想如果他们收到我的钱，就不会取消我的邀请了。所以，虽然不知道具体的安排，我还是勾了所有选项，报名参加了每一个聚会，这样一来，如果算上酒店和机票，费用远远超过1 万美元。

我并不只是大胆一试，大胆一试意味着风险和不确定性，可我在这之前做了充分的研究，知道建立一个高级人脉网是自己当时的首要任务，而这正是我执意要参与这个活动的原因。

毫无疑问，第一次参加这样一个活动并不容易。那里似乎有一群常客，而我一个都不认识。我感到自己的大脑在超负荷运转，一次结识数百个新朋友，并试图凭直觉了解这个新团体的规则。但是我没有退路，因为我还申请了接下来的三场活动。在接下来的一年里，我在那种环境中变得自在起来。到第三场活动时，我感觉自己像市长一样，问候老朋友，做自我介绍。虽然我现在不经常去参加那个活动了，但每次看到在那段时间里遇到的人，或是被介绍给其他人认识时，这种在努力初期为一件事情全力以赴的好处就会在我脑海里回荡。

2012年初，当我开始为《福布斯》撰稿时，这个方法也奏效了。那时，我已经在为《哈佛商业评论》撰稿，这个杂志大大缩减了出版量，每天只有大约5篇新文章在线发表，而出现在印刷品上的作品更是寥寥无几。我知道内容创作对于我打造品牌、拓展业务至关重要，所以我需要输出更多内容，在这一渠道受阻时我需要另一个渠道来分享我的想法。

我先列出了20多家媒体的名单，包括全国性报纸、地区性日报、有线电视，甚至一些外国知名媒体，并研究它们是否接受像我这样的自由作者投稿的在线文章。我联系了我能联系到的每一家出版方，并表示愿意免费写作，然而只有三家回信。在我将自己的故事构思发给他们之后，有两家出版社很快就放弃我了，我再也没有收到他们的任何回复。但巧的是，《福布斯》正在招募新的投稿人，并询问我是否能立即加入。不到十天，我就在《福布斯》上发表了我的第一篇文章。

《福布斯》给了我两个选择：偶尔免费撰稿，或是承诺每月至少写5篇文章，成为一名付费撰稿人。我选择了后者，不是因为我渴望得到这笔钱，因为这笔钱并不多，而是因为它能让我集中精力。因为签订了合同，我必须优先考虑创作内容，这才是我的既定目标。

接下来的几年里，我为《福布斯》写了超过 250 篇文章，有时一个月就多达 10 篇，这些文章极大地提高了我的知名度、关注度，帮我扩大了人脉，这有助于我在后续的作品中采访到作家或企业领导人。可能会有人说："既然我这么忙，为什么我不做些必要的声明，说自己在为《福布斯》撰稿呢？"根据你在职业生涯中所处的阶段，这对于当下来说可能是正确的策略，但有时，如果你面前的机会与你的目标完美吻合，你最好能战略性地"特别关注"。

采取"抬头看，低头干"模式

正如我学会了"如何履行职责"和"确定关注点"一样，另一个对我有用的准则是"抬头看、低头干"。我第一次听到这个观点是由贾里德·克莱纳特（Jared Kleinert）阐述的，他是亚特兰大市一位的企业家，也是《20 岁坐拥 20 亿》（2 Billion Under 20）一书的编辑。

我在写《创业的你》时曾采访贾里德，他谈到"闪光球综合征"，也谈到许多企业家或普通人都面临的问题——无法阻止自己不合时宜地追逐下一个目标。这从根本上来说也是一种短期思维，因为从一件没完成的事跳到另一件事，无论你的想法多好，都没有时间让它开花结果。贾里德告诉我:"人们很难确定自己的首要任务是什么,因为有些事只有经历后才能真正弄清楚。你可能有一个前景非常不错的项目,但你能确定他的前景一定是好的吗?这时,你是花时间把它搞清楚还是去尝试其他事情,或许新的项目前景也不错呢?"

贾里德告诉我,多去尝试其他事情没什么丢脸的,"前提是你正处于'抬头模式'。如果你正处于'低头模式',并且已经确定你目前正在执行的方法论是正确的,那就坚持下去"。

贾里德认为,每种模式都有特定的时间段,知道自己正处于哪种模式非常重要:"你可以处于'抬头模式',寻找新的机会;也可以处于'低头模式',只是执行既定方案,专注当下。"如果将二者混淆,当你应该加倍努力工作的时候,却不断寻找新的目标,或者在你没有充分考虑可行性的情况下,却加倍努力工作,结果只会让你大失所望。

后来,我采用了贾里德的建议。我会留出 3 ～ 6 个月的时间,让自己清醒地处于"抬头模式"或"低头模式"。在前一种情况下,我会愉快地安排晚餐、电话和会议来建立人脉,接受采访宣传我的工作。若是后者,则一切都不一样了。除了最紧急的情况,我会拒绝所有的请求和邀请,每次花几个小时沉浸在深度工作中,比如开发一门新的在线课程或写一本书。这种方法使我能够集中注意力,将类似的任务聚集在一起，以减少同时处理多项任务的认知负荷，并通过改变我的生活习惯来保持新鲜感。

在健身时，你不应该每天都练习举重，你的肌肉需要时间来恢复、愈合，这样你才能变得更强壮。有计划的周期性工作要比简单粗暴的重复性工作效率更高。在"抬头模式"和"低头模式"之间切换可以让你充分利用专注的力量，发挥你的优势。从更广阔的层面来看，这是我提出"职业浪潮"概念的基础。

波浪式思考的 4 个关键

当谈到如何合理地分配时间时，我选择进行波浪式思考。要成为你所在领域公认的专家，有 4 个关键的职业浪潮：学习、创造、联系和收获。就像海洋潮汐一样，我们需要学会驾驭每一波浪潮，再自然地过渡到下一阶段。在一个浪头上坚持太久会让人情绪低落，停滞不前。但是，如果你吸取了每一个浪潮中的经验，并能够优雅、从容地转变，你就能继续成长、发展和前进。

关键 1：学习

2005 年左右，我是一家倡导自行车运动的非营利机构的执行董事。我认为这是一份很有意义的工作：我们推动建成了很多自行车道、在公共汽车上安装自行车架、发展轨道交通走廊等。但这也是我做过压力最大的一份工作。我以前的工作是为总统竞选做新闻报道，每周工作 7 天，长期睡眠不足，但即便如此，我也并未感觉到这么大的压力。在这个非营利机构，我几乎独自负责机构的财务收支状况，机构里另外两名工作人员就业的重担全落在了我身上。我的前任执行董事在几年前获得了一大笔政府补助金，但他离开时，这笔款项到期了。我不得不"白手起家"，我需要在一年里筹集 15 万美元，否则我们的机构就会倒闭。

两年里，我一直维持着机构的平稳运行，甚至成功地将会员数量扩大了一倍。但我突然意识到：我经营的不仅是一家非营利机构，还是在经营一家收入为六位数的公司，也许我也可以做个老板。我之前从未想过会成为一名企业家，很多人认为自己创业是有风险的。但对我来说，我只能在这个小机构中每年挣 3.6 万美元，我一周至少会惊醒一次，为机构的未来担忧，这样想来，开创自己的咨询公司至少是有利可图的。如果在酒吧工作的月收入是 3 000 美元，我相信我一定有办法可以挣到超过这个数字。

我只是不知道应该从哪里开始我的创业工作。我有很多技能：我曾经是一名记者，也是一名政治竞选工作人员，我能写会说，但我从来没有接触过咨询业务，也没试过去开发客户。我在非营利机构学到的一些东西是可以直接拿来用的，例如，简单的网页设计和数据库应用等，但我对创业所具备的其他技能还一窍不通，所以我决定去学习。

整整一年，我都投身于学习之中。我列出了所有我不明白但我觉得应该做的事情。每周六，我会在成人教育中心上一整天课，包括撰写商业计划书，设计美观的幻灯片，以及学习基本的会计记账知识。我说服了我的老板来支付课程费用，虽然费用并不多，但这些技能对我在非营利机构工作会有所帮助。

我成了图书馆的常客，每次去都会借回一大堆书。我会在晚上阅读商业名著，从迈克尔·格伯（Michael Gerber）的《突破瓶颈》（*The E- Myth Revisited*）到基思·法拉齐（Keith Ferrazzi）的《别独自用餐》（*Never Eat Alone*），再到吉姆·科林斯（Jim Collins）的《从优秀到卓越》（*Good to Great*）。我会记下注释中提到的内容，然后沿着线索进行拓展阅读，看看我还应该读哪些书来培养我的文化素养。

我知道在创业之前，我必须让自己充分学习，否则，谁又会把像我这样无知的人当回事呢。这不是自尊心作祟，而是事实。我没有MBA 或者商科博士学位，我也从未在哪一家公司工作过。我本科主修哲学，又获得了神学的硕士学位。虽然这些都是可靠的证书，但不一定是获得企业高管信任的有力理由。鉴于我的学习背景和处理问题

103

的方法，我可能会在开始创业后打破一些惯例，而这是一个让自己与众不同的好方法。但是我必须有所准备并要提前明确惯例是什么，否则就不是与众不同了，而是无知。

放慢脚步虽然像是在浪费时间，但磨刀不误砍柴工。**你花在理解工作本质和运作方式上的时间，会让你在之后变得事半功倍。成为长期主义者意味着我们不能总是立即撸起袖子去干活。**

当然，这样做也有局限性。有一次，我与一位朋友聊天，她一直抱怨自己的生意没有获得预期的增长。经过一番粗略的讨论，原因变得清晰起来：她没有去做那些真正可以拓展客户的事情，比如邀请推荐官或写文章来引起公众注意，而是不断报名参加新的课程和认证。她花了很多钱来寻找让生意自动上门的培训。但是，学习本身并不会产生收入，它只是职业生涯中重要的一步，只是第一波浪潮。一旦你熟悉了基本准则，有了基本的认知，并形成了自己的观点，就可以去创造和分享你的想法了。

关键 2：创造

这个故事来自一次朋友间的小聚。2016 年，卡拉·库特鲁祖拉（Kara Cutruzzula）辞去了杂志编辑的工作，成为一名自由记者。她回忆道："从某些方面来看，自己单干很不错。"但她觉得有点孤独，所以每个月她都会举办一次派对，她称之为"铜环峰会"。她会邀请一些朋友去她的公寓叙旧。卡拉希望她举办的聚会是对大家有所帮助的，所以她让朋友们围成一圈，分享他们喜欢的产品或服务，提供自己的建议，或寻求帮助，包括咨询服务、寻找新室友。卡拉会做记录，并在活动结束后分享出来，后来有人提议干脆把这些做成简报。

当写作是你的日常工作时，创办一份无报酬的简报，听起来像是周末的无偿加班。但是卡拉觉得定期的写作练习可以帮助她磨炼自己的文风，保持作家的敏锐度，也可以作为调整自由职业者状态的一剂解药。她说："自由职业者依靠别人设定的最后期限去完成任务，自主性很低，但制作简报却是完全由我自己控制的工作。这让我觉得充实，掌握了工作的主动权。"

她创办了《铜环日报》（*Brass Ring Daily*），最开始只有 30 个订阅者，这些人也是每个月她家庭聚会的受邀者。在过去的几年里，她几乎每周都会发布一则简报。目前，简报的订阅者显著增加，已经超过了 4 000 人，但总体来说还是不太多，而且这也不能产生任何直接收入。那她为什么还要费心这样做呢？

事实证明，简报有一个潜在好处是她在几年前并没有意识到的。一些编辑订阅了简报，她说："这已经成为我获得更多工作机会的一种方式，因为他们每天都能在收件箱里看到我的名字。"她通过分享原创或转载的文章，让编辑了解她所擅长的主题。"这算得上一种潜移默化的方式，他们知道我一直在他们身边，他们可以看到我正在做的事情，并且知道我可以接受新的任务。"

最让她得意的是一位图书编辑突然给她发了封电子邮件："我正在策划一本励志类的图书，我想到你在《铜环日报》上写的文章，我想，'为什么不问问卡拉呢？'"就这样，卡拉签下了她第一本书的合同，书名为《为自己而做》(*Do It for Yourself*)，而这一切都多亏了她的简报，"感觉图书编辑在联系我之前就已经了解我的作品了，而且与她想要的完全吻合"。

学习是必不可少的第一步，但是如果你想让人们认可你和你的特殊价值，就必须踏上第二波浪潮——创造。你已经吸收了他人的观点，掌握了足够多的知识来评估它们。有些想法会引起你共鸣，而有些则完全不被你接受，你得把这些观点转化成自己的想法。创造会帮助你在自己的领域中做出贡献，吸引志同道合的人加入你的团队。

创建内容并分享你的想法或许只是一小步，但它却非常关键，因为它给了其他人一个发现你的机会。就像卡拉起初也只有 30 个订阅者，通过分享，编辑才有机会发现卡拉。写作是分享想法的一种方法，但不是唯一的方法。你可以发表演讲，或者举办网络研讨会，或者主持播客，或者制作在线视频教程……关键是要让你期望的人群能够"找到"你。

这需要一点点勇气。也许像卡拉那样，你可以在文章简介中加入电子邮件地址，也可以申请在会议中发言，或者在公司内网发布你写的文章。创造和分享你的想法是这波浪潮中的关键部分，接下来你要做的就是在更大的舞台上展现自己，拓展你的人脉。

关键 3：连接

像卡拉一样，如果你始终坚持一件事，你的影响力会随着时间的推移而增加。特别是在最开始的阶段，保持这种势头会是一项挑战。第一个月你会觉得既有趣又新奇，而靠着热情你可以坚持到第二个、第三个和第四个月。

但是如果第 6 个月的状态还跟最初一样，仍然只有 30 个订阅者，你会怎么想？即使有了 60 个或是 100 个订阅者，你可能也会开始怀疑自己做的这些努力是否值得。如果你对自己的专业知识或能力不自信的话，情况就更加糟糕。这时，第三波浪潮可以帮你渡过难关，既能增加你的听众，又能帮助你获得继续前进的支持和鼓励，那就是联系。这也是阿尔伯特·迪伯纳多（Albert DiBernardo）的成功之道。

阿尔伯特已经做了 40 多年的工程师，并在纽约市一家大公司担任执行副总裁，他计划在 65 岁时卸任。虽然他并不确定自己的下一步计划是什么，但他知道自己不想过那种优哉游哉的传统退休生活。

有一次，他在登录社交媒体时，看到了一位朋友刚刚发布了一条成为认证教练的帖子，这是一个阿尔伯特从来都没听说过的职业，这让他很好奇。他说："我坐火车去了纽瓦克，跟朋友约了午饭，并问他什么是认证教练，他向我解释了这件事，我恍然大悟，并立刻被吸引住了。"

多年来，阿尔伯特最喜欢的工作就是为年轻领导人提供建议，帮助他们发展职业技能，而成为一名认证教练是一个全职工作的机会。他纵情投入学习浪潮中，加入了我的《公认专家》课程项目并参与了涉及健康、营养指导等各方面的培训和认证。他开玩笑说："我经历了这个阶段，并凭借教练证书和学历为向百老汇进阶铺平了道路。"

阿尔伯特与我的朋友不同，我的朋友选择用继续学习的方式来逃避业务上的难题，而阿尔伯特并没有就此止步。培训教会了他一些方法，弥补了他之前的不足之处。但他说，加入这些群体最大的收益是他建立的联系。正是因为他与在纽瓦克的朋友取得联系，才让他踏上执教道路的第一步。随着他对教练工作不断地深入探索，新的人际关系也让他不断前进。

他本以为自己退休后会与大多数人一样："我看到很多人从工程行业退休，他们与行业的联系也都随之消失了，因为这些联系只是情景性的。"他看到其他人在退休后变得沮丧，失去目标，相反，他却结交了一大批新朋友和新同事。"新的关系给了我动力，这对我来说就像是一剂神奇的良药。"

阿尔伯特还不太清楚应该如何做一名教练，或是怎样开展实践，但他周围都是可以学习的人。他说："刚进入这些群体的时候，你可能还不知道和你志同道合的人是谁，但你很快就能找到那个人。如果你不去加入这样的群体，只是被动等待的话，你很难找到那个与你志同道合的人。"这个群体的形式可能是一个学习型社区，就像阿尔伯特参加的课程一样；也可能是聚会、专业协会或行业会议。我们并不拘泥于选择加入哪种形式的群体，关键是要努力去了解这个世界，这样你才能在一个特定的领域站稳脚跟。

如果你是一个极度内向的人，你可能会觉得与他人交往显得"不务正业"，因为这会从你"真正的工作"中分散注意力。你虽然可以暂时忽略它，但最终，你的人脉会成为一个障碍。你无法接触到新想法，就像如果阿尔伯特没有偶然发现那个帖子，他永远都不会发现认证教练这个职业。你的想法无法得到有力的牵引，因为没有人会去帮你放大它们。当涉及核心的敏感话题时，你会觉得自己一头雾水，因为陌生人根本不会向你透露这些，只有亲密的朋友和同事才会告诉你实情。你也得不到你应有的机会，因为这得有人推荐你，但可惜的是你跟任何人都不太熟。

阿尔伯特的例子表明，花时间与他人联系，让自己融入新的群体中，是让自己走向成功的有效方式。在他退休后开展职业生涯指导业务的一年内，他的收入达到了六位数。

生活总是好事多磨。我的一位同事是一个非常喜欢交际的人，他认识很多人，并不断与人建立联系。这是一项了不起的技能，也是一笔宝贵的财富。但这似乎也是他唯一的事业，他花了太多时间与别人建立关系，而忽略了钻研自己的业务，这导致他的收入总是原地踏步。波浪式思考意味着你不能只专注于自己喜欢的方面，你必须继续前进和成长。

关键 4：收获

现在你进入了职业浪潮的最后一个阶段——收获。到达这一步并不容易，起初你一无所知，你必须屏弃杂念努力学习，这对于那些一贯出色的中级或高级专业人士来说是一段需要特别谦卑的经历，但你做到了。

你开始创造和分享你的想法，虽然在初期，这些想法并不成熟，现在回头看甚至会有一丝尴尬。但凡事都要有个起点，而你也做到了。随着时间的推移，你结识了一些同事、客户、行业领袖，你们建立了相互尊重和信任的联系。你们互相介绍生意，你也因此为自己建立了信誉，久而久之，你的事业得到了发展。

你已经冲过前边的浪潮，现在是第四波浪潮了，这是非常有趣的阶段。你已经在一定程度上掌握了自己的工作，你很自信，也知道你可以帮助别人做出改变。现在，全世界都认同你了，你在财务和声誉上的回报开始变得明显起来。而这也是潜伏着危险的地方。

20 世纪 70 年代末，马歇尔·戈德史密斯（Marshall Goldsmith）是一位年轻的大学教授，师从一位名叫保罗·赫西（Paul Hersey）的组织行为顾问。一天，保罗接到了两份相似的工作。马歇尔回忆道："他问我，'你能帮我分担一份工作吗？'我说，'我不知道。'他说，'我付你一天 1 000 美元。'"当时，马歇尔的年薪是 1.5 万美元，所以为了这笔钱，他决定接受这份工作。不久，他就赚了 10 多万美元。

虽然马歇尔做得很出色，客户也很满意，但是保罗还是很担心。作为马歇尔的导师，保罗心里还有其他想法。"有一天他打电话给我，"马歇尔回忆道，"他说，'你太成功了。你赚了很多钱，客户也对你很满意，我相信，你未来也会做得更好，但你永远不会成为你能成为的那个人。你没有在创作，也没有在思考，你不是在用时间投资你的未来，而是像只无头苍蝇一样乱撞，浪费时间。'他说得对，那 8 年间我没有一点进步。"

马歇尔当然会因他精湛、熟练的技能而收获很多报酬，来支付抵押贷款、大学学费、医疗保险、银行账单，这些都是重要且有价值的。但是保罗指出了一个关键问题，马歇尔没有充分地将自己投入创造阶段中。保罗认为，马歇尔应该开发属于自己的知识产权，让自己在市场上脱颖而出。

马歇尔说："当一切都平稳进行时，我就进入了一个舒适圈，这时候挑战自我是非常困难的。当下的生活很美好，我有房子，虽然也有抵押贷款，但我过得很舒适。岁月在不知不觉中很快就过去了，我想我的一辈子也就这样了。但我又不希望自己回顾一生时会满怀遗憾。"

最终，他开始将注意力转向创造新的可能，他广泛分享自己的想法。不是所有尝试都能大放异彩，但他的有些书还是很成功的。他的畅销书《习惯力》（*Triggers*）和《没有屡试不爽的方法》（*What Got You Here Won't Get You There*）已经成为领导力领域的经典著作，并帮助他成为顶级高管教练。

但我们要时刻意识到，收获并不是最终目的。当马歇尔 60 岁时，他才发自内心地感受到了这一点。他说："在生活中,你不会因为过去的事情而感到快乐。人们会说'我曾经是首席执行官''我曾经是足球明星'。然而当这个职业消失时,我们的身份也就消失了。"收获是有期限的,我们必须创造一些新的东西,重新建立我们的成就。

他思考这些问题的原因是参加了一个名为"设计你所喜爱的人生"的研讨会,这个研讨会由著名工业设计师艾塞·比塞尔(Ayse Birsel)组织,艾塞在 2017 年曾被《快公司》杂志(*Fast Company*)评为 100 位最具创造力的人物之一。

艾塞让参与者写下自己心目中的英雄,当时马歇尔写了他的职业导师保罗、美国女童子军前首席执行官弗朗西丝·赫塞尔宾(Frances Hesselbein),还有著名的管理思想家彼得·德鲁克。马歇尔回忆说:"他们不计回报,总是对我很好,不因我是无名小卒而轻视我。"艾塞给他的建议简洁明了:"像他们一样。"

在研讨会结束之前,他制订了一个计划:找出 15 位有潜力的高管教练,主动为他们提供指导,并教给他们自己所知道的一切。他的想法引起了很大反响,他收到了超过 17 000 份申请,于是他决定扩大项目的规模,现在这个项目被称为马歇尔·戈德史密斯 100 教练(Marshall Goldsmith 100 Coaches,简称 MG100)。

我在 2017 年夏天加入了这个项目。马歇尔致力于在这个项目中创造一种回馈文化，当谈到保罗等导师时，马歇尔说："就像他们帮助我一样，我的工作就是帮助别人。"因此 MG100 的唯一规则就是"老吾老以及人之老"，组织中的每个人都要学会创造自己的回馈计划。

当然，马歇尔也从这个项目中取得了一些收获。他从同事和客户的亲身经历中体会到，如果只记得自己过去的辉煌，而不去学习或做出改变，将会使你因巨大的心理落差而导致抑郁。他说："你不能接受自己从首席执行官变成那个在乡村俱乐部和老人打蹩脚高尔夫球的人，只关心每天吃什么，为自己的健康担忧。"

MG100 仿佛一剂灵丹妙药："它真正的目的在于帮助人们实现自我价值。"

马歇尔变成了业内的顶级名人，既是千万富翁，又是畅销书作家，还是 Thinkers50[1] 成员之一，也是名人政要的朋友。他完全可以享受放松惬意的生活，毕竟他已经 70 多岁了，但他从没这样想过。

---

① 指全球最具影响力的 50 位管理思想家，被《金融时报》誉为"管理学界的奥斯卡"，每两年评选一次。——编者注

正如鲍勃·迪伦（Bob Dylan）所说的那样，一分耕耘一分收获。我们不应该躺在功劳簿上止步不前，真正的成功人士享受成功的同时也会意识到："是时候继续前进，学习新的东西了。"

马歇尔说："现在我正在做一个项目，目前有 50 人参与其中，我们每个周末都会进行沟通，我们正在根据福特公司前首席执行官艾伦·穆拉利（Alan Mulally）教给我的知识和经验开发一套全新的培训流程。如果没有 MG100，我不会有机会学到这些东西。这对重塑我的职业生涯，提高自我起到了非常重要的作用。"

如果你总是做同样的事情，无论你有多优秀，都不可能取得成功。你可以在篮球比赛中投中三分球，但你也必须参与防守或投进罚球，这样才能赢得比赛。我们都有优点，但有太多人将其无限扩大，当我们的希望落空时，就会变得异常痛苦。

成为长期主义者意味着你要摆正自己的位置，知道在什么情况下要使用哪项技能。

当你学会了波浪式思考，你就会选择合适的工具，并确保自己不会半途而废或停滞不前，这才是你获得成功的正确方式。现在，我们正专注于正确的方向，这时候你需要学会杠杆的作用了。我们该如何努力，才能获得更显著的成果呢？

战略性耐心养成清单
T H E   L O N G   G A M E

1. 把精力集中在一个关键目标上可以让收益最大化。

2. 交替使用"抬头模式"和"低头模式"。在"抬头模式"中积极寻求机会，探索新的可能；在"低头模式"中专注于执行。

3. 要成为所在领域公认的专家，需要遵循 4 个关键的职业浪潮：

   • 学习，钻研自己的领域，发表独特的见解；

   • 创造，通过创造内容和分享知识换来回报；

   • 连接，加强与同行的联系，向他们学习，并作为群体的一员做出贡献；

   • 收获，享受努力工作带来的收获。

06

THE LONG GAME

第 6 章

——

战略性规划时间使收益最大化

"

無意识的思考往往比有意识的
思考更能获得好的结果。

"

你我都有过这样的经历，当疲惫的一天结束后，回顾过去的 8 个、10 个或 12 个小时，你发现自己真忙，忙着从一个会议赶到另一个会议，见缝插针地回复邮件，可你却想不起来自己究竟为什么而忙。

我们每天都像打仗一样。如果一切顺利，我们没被堵在路上，电话没掉线，打印机也没坏，我们还可以勉强跟上节奏。但是保持头脑清醒和实现长期目标并不是一回事。

我想对自己的生活进行战略性调整，但我先要通过数据来弄清我的时间到底去了哪里。时间追踪的方式不仅枯燥还需要细心，我们得每隔 15 分钟就记录一下，这需要极度自律。即便如此，我还是特意选择了 2 月这个天数最少的月份来做这件事。

我的朋友劳拉·范德卡姆（Laura Vanderkam）是一位提高工作

效率的专家，我从她的网站上下载了一份时间追踪电子表格，把它展开在工作桌上，这样每当我回到电脑前，我一眼就能看到它。我要不断提醒自己填空："下午2：00～2：30客户电话""下午2：30～3：00发邮件""下午3：00～4：30写文章"。我坚持做了一个月，确实了解到了令我震惊的情况。

如果我们想要战略性地利用自己的时间，去完成那些对自己很重要的事情，那么我们必须学会问自己几个问题。

我们要问自己的第一个问题：我怎样才能利用好每天原本会被浪费掉的时间？严格来说，我们每周都有168个小时可以工作和生活。虽然我跟其他人一样，会把时间浪费在浏览网页等方面，但在那个2月，我利用多任务处理的方法在一周内额外"创造"了48个小时，即使这是一个饱受争议的方法。

当我们同时执行两个不兼容的任务时，就会遭遇多任务处理的糟糕场面，比如写电子邮件和参加电话会议，当你专心于对话时，就不可能写出掷地有声的文字。但我凭直觉所采用的多任务处理方式，却让我觉得还不错，因为我同时执行的是两项互补的任务，比如在健身房锻炼时听有声书，在准备晚餐时给母亲打电话，或者约一位商业客户看一场戏剧表演。如果我能合理有效地同时完成这两项任务，我会重复计时一次，比如我会把"打电话给妈妈"和"做饭"各记30分钟，最终我一周的时间比我预期的多出 29%。

除了优化我的日常活动之外，我还会留意其他人忽视掉的"停机"时间，并观察它带来的收获。不久前，我飞到俄罗斯的圣彼得堡，在旅行的第一天就与时差作斗争。我在城里闲逛，拼命让自己沐浴在不太明媚的阳光底下调整时差。我饥肠辘辘、昏昏欲睡，注意力也不集中，这种状态让我没办法去应对注重细节的工作，甚至一想到要回的电子邮件，我都觉得力不从心。但当我在一家咖啡馆坐下来喝茶时，我突然有了灵感，于是向老板讨来了笔和纸。我在飞机上一直在拜读彼得·德鲁克的论文集，他是伟大的管理理论家、战略规划大师，也是马歇尔的导师。受飞机上阅读的启发，那些一直萦绕在我脑海中的零散问题开始组合在一起，我把这些问题写了下来：

- 我应该把时间花在什么地方？
- 我投入 20% 的精力却能取得 80% 收益的事情是什么？
- 我可以停下手中的哪项工作？
- 我怎样才能"因地制宜"发挥自己的优势？
- 我对未来的愿景是什么？它会如何影响我今天的行为？

在接下来的一个小时里，我针对这些问题写了好几页笔记，这为我接下来一年的工作确定了一个明确的战略方向。相信看到这里，你也开始跃跃欲试了吧。我看似昏昏欲睡的大脑，一直在反复思考德鲁克的思想，看它如何能适用于我自己的生活和事业。正如荷兰研究者阿普·迪克斯特豪斯（Ap Dijksterhuis）所发现的那样，当我们的注意力被分散时，无意识的思考往往比有意识的权衡更能获得好的结果（就像我在圣彼得堡闲逛时的情境一样）。他指出，无意识行为能够同时处理不同的事情，整合大量碎片化的信息，它似乎比有意识的思考更有利于分析不同属性的权重。

我没想到，倒时差能给我提供做年度战略规划的最佳状态。因此，当我意识到这一点时，我开始主动利用起他人认为没用的时间，就像杠杆能够帮助我们四两拨千斤一样。

我们要问自己的第二个问题：如何做到事半功倍？举个简单的例子，你可以通过不同的社交媒体将一份内容通过不同渠道分享出来。比如你发布了一篇博客，你可以在 Facebook 上添加博客链接，在 Twitter 上发布一段摘录，在 Instagram 上上传相关图片，在领英上以短文的形式分享你的见解。只需多花一点精力，或许只占你最初创作这篇文章所用精力的 10%，你就能最大限度地发挥它的传播潜力，让更多读者发现它。然而，在生活的其他领域，即便是那些更重要的领域，我们却很少这样做。

以尼哈尔·查亚（Nihar Chhaya）为例。他是我特别欣赏的一位专家，也是《财富》500 强企业的高管教练。2019 年 11 月，尼哈尔前往伦敦参加 Thinkers50 的商业作家和高管的聚会。如果加上从达拉斯到伦敦的旅行费用，这真是一次价格不菲的活动。况且尼哈尔也因为出席这次活动要离开小女儿一段时间，所以他必须让这件次出行变得有意义。

大多数人都关注表面上的问题，比如把自己介绍给更多人，或者与某些与会者建立联系，但是尼哈尔看得更全面，他在思考如何从这次活动中获得价值。

活动结束后，尼哈尔在《福布斯》上写下了自己的经历。他是《福布斯》的长期撰稿人，这样做不仅可以履行自己的写作义务，还可以对他在活动中遇见的名人大加赞赏，包括哈佛商学院的埃米·埃德蒙森（Amy Edmondson）和宾夕法尼亚大学沃顿商学院的斯图·弗里德曼（Stew Friedman）。另外，在社交媒体上分享这篇文章也让他能够巩固新的人际关系，让那些人记住他是谁。

这篇文章还给他带来了额外的机遇，他接触到了 Thinkers50 的一位联合创始人，他对其进行了采访，建立了新的人脉；他还整理了自己从这次活动中学到的东西，为职业发展提供了助力；Thinkers50 是一个国际知名的高端活动，这也大大丰富了他的资历。

很多人都容易半途而废，尤其是当这件事耗时、繁重或花费很多精力的时候。但是，如果能够一举"多"得，我们就拥有了独特的竞争优势。我们常常对自己满负荷的日程感到无奈，这削弱了我们从长远角度进行思考和行动的能力。人是有主观能动性的，关键在于我们得打破时间的限制，用新的方式思考。我们要学会一石二鸟，但前提是要了解对我们来说最重要的是什么，然后利用我们已经掌握的资源去达成目标。

为维系人际关系撬动杠杆

对大多数人来说，人际关系非常重要。我们都听过这样一个故事：一位大权在握的高管无法抽出时间陪伴家人，但他总是声称家人是他辛苦付出的动因。如果工作和家庭不是零和博弈，而是经过一系列深思熟虑的战略选择，那会怎么样呢？

菲尔·范·诺斯特兰（Phil Van Nostrand）是纽约市的一名摄影师，他通过一次婚礼活动跟拍就可以赚取数千美元，但多年来，他一直在接受一份日薪 500 美元的任务，去报道在旧金山举行的"JavaScript 技术会议"。他为什么要这样做呢？因为他的家乡就在旧金山附近的圣芭芭拉，而活动方每年都会为他支付往返的机票。他说："这样我可以有一周的空余时间和家人待在一起，这感觉就像我只打了半天工就可以免费探亲了。"

　　我也这样做过，我曾接受很低的费用来北卡罗来纳州做演讲，如果这些活动换个地方我通常会拒绝，但这次活动让我有机会去看望我 80 多岁的母亲。我一直在找机会带她一起去不同的国家旅行，我曾带她去哈萨克斯坦参加为期一个月的教学活动，她很受学生们的喜爱，学生会在气温零下的天气里带我们去观光，我们也一起去过越南、新加坡和法国做巡回演讲。当我们弄清楚自己真正在乎的事情再去相应地优化我们的日程时，这样就容易多了。

为理想的生活方式撬动杠杆

　　还有一个有效的方法是弄清楚你理想的生活方式。你想去哪里，你要如何生活，如果自己为这个愿景全力以赴会是什么结果？

　　这是一位名叫安玛丽·尼尔（Annmarie Neal）的成功高管问自己的问题。如果她愿意搬到商业中心城市，比如纽约、旧金山、达拉斯或芝加哥，她的生活就会更方便些。但 25 年来，她一直住在科罗拉多州的一个小镇上，这里离丹佛市有 90 分钟的路程。她说："我爱上了这个州'勤奋工作，及时行乐'的价值观和生活方式，这里的群山也滋养了我的灵魂。"她不愿意为此妥协，即使这需要她拒绝称心如意的高管职位。

尽管如此，她还是取得了传奇性的成功。安玛丽曾在思科公司担任了 5 年首席人才官，目前是一家大型私募股权公司的领导者。她说："对于一名创新经济工作者来说，最好的想法可能会在长时间徒步或游泳后才冒出来，办公桌不是我真正工作的地方。我的观点是，'你想雇用最适合这个岗位的人，还是雇用候选人中最适合的人？'"许多人都没有她这样的底气，安玛丽之所以敢这样说，当然得益于她强大的声誉和丰富的经验。但即使是对年轻的专业人士来说，在小范围内根据自己的生活方式做出职业选择，也远比他们想象的可行。

摄影师菲尔经常接受非常规的付款条件，这有助于他创造自己想要的那种"史诗般的自由职业者生活"。例如，他与一位专门销售高档羊毛织品的客户进行了交易，他说："这次拍摄的费用是 500 美元加一条围巾。这可是来自蒙古国，售价 800 美元的羊绒围巾，简直太棒了。"这比他自己买围巾要划算得多，关键是他很喜欢这些围巾。"我在沙发上放了一条大围巾，在房间里还有一篮子围巾。这些围巾我在冬天经常戴，我还送了我妹妹一条。"再比如，菲尔的一位老朋友在布鲁克林开了一家新式墨西哥餐馆，需要他帮忙为网站拍摄新照片。对于这样的拍摄任务，菲尔一般会收 1 200 美元，但店主提议把费用变为 800 美元和一张 400 美元的餐券。菲尔回忆道："我很乐意做这笔交易，而我的朋友也可以节约些成本。"

菲尔还自愿为家附近的猫咖啡馆 Koneko 拍摄流浪猫的"魅力照"。

"一天早上，我在营业前就和他们最棒的猫管家来到店里，给猫摆出各种姿势。两个小时，我赚了几百美元，但我将这些兑换成了店内积分。后来整整一年，我都是那家猫咖啡馆的常客，我会去店里吃点东西，和朋友们一起跟猫咪玩耍。"

通过这些灵活、充满创意的方式，菲尔创造了一种富含时尚和美食的生活方式，这是非常难得的机会。当你决定为你想要的生活撬动杠杆时，你就有机会梦想成真。

为达成职业目标撬动杠杆

如果我们不把工作和生活分得那么清楚，会怎么样呢？如果我们能找到将它们结合起来的方法，是否能让两方面都得到改善呢？

这正是克里斯蒂娜·古蒂尔（Christina Guthier）所想的。她是一名年轻的德国博士生，正计划去加拿大拜访一位朋友。几年前，她和她的丈夫第一次去纽约旅行，这次旅途非常开心，于是他们决定在纽约多待一周。那次旅行的目的原本是单纯的消遣，但克里斯蒂娜将旅行与自己的专业联系了起来。她问她的论文导师在纽约有没有熟人，她的导师给她介绍了纽约市立大学城市学院的一位教授，这位教授邀请了克里斯蒂娜作为客座讲师发言。这位教授对她的研究课题印象深刻，在他后来出版的书里还引用了她的观点。

　　除了在度假时不忘发挥专业优势，克里斯蒂娜还一直在找机会利用工作的便利去旅行。她和一位澳大利亚教授成了朋友，这位教授希望她以客座研究员的身份来南澳大学工作，但当时她怀孕了，所以未能立刻成行，不过，她觉得这是个旅行的好机会。所以在女儿9个月大的时候，克里斯蒂娜决定接受南澳大学的邀请，重返工作岗位，她和丈夫一起登上了飞往澳大利亚的飞机，她的丈夫也顺势休了两个月温暖、明媚的陪产假。

　　克里斯蒂娜不是唯一一位将旅行和职业发展创造性结合起来的专业人士，摄影师菲尔也这样做过。"当我开始做摄影师时，我就梦想着有人能带我去各地旅行，而我可以无须支付任何费用。"他和一位复古服装设计师成为朋友，菲尔说："在遇见我之前，她刚为威尼斯嘉年华设计了一件礼服，正打算和她的朋友一起去参加活动。但是用手机拍照和让一位真正的摄影师跟拍可不是一回事。"后来，她邀请菲尔加入了她的团队，菲尔两次和她一同前往威尼斯，他们去过巴黎的凡尔赛宫，还在薰衣草季去了法国南部。

　　不是每个人都认为这是一笔好生意。菲尔说："其他老派摄影师都会要求雇主为自己在威尼斯的时间付费。"但菲尔不这样认为。菲尔的朋友并不富有："光想着从他们身上多赚点钱，会弄得所有人都不舒服，毕竟他们没有足够的预算给我，而得到一个免费的假期可是无价的。"

不过，菲尔得到的当然不仅仅是免费的假期。他还享有这些旅行照片的版权，这些照片漂亮、大气。他说："我可以出售照片，这给了别人了解我的机会，或许会有人在拍杂志的时候想起我，这是我下一个更大的目标。我坚信事物的价值不总是以金钱来衡量的，我更看重长期的价值。"当然，他也很乐意接受高薪工作，来支付房租和日常开支。但因高薪而为高管们在讲台上拍摄快照无法展示他独特的艺术视野。他说："通常情况下，你要么赚钱，要么出名，很少能两者兼得。"

有太多人想要轻松赚大钱，他们很容易被"成功学"所迷惑。就像你不可能轻轻松松地成为一名能拍摄杂志封面或者登上时代广场广告牌的杰出摄影师。你必须耐得住性子，去建立人脉，并对很多事做出战略性让步，虽然那些事情在今天看来是荒谬的，但在未来会被证明是重要的。如果你能做到这些，你就能够适时地做出选择，从长远来看，这会为你的成功奠定基础。

充分发挥自己的优势是最有力的杠杆

我们已经讨论了你做出选择的初衷——维系人际关系、找到理想的生活方式和达成职业目标。现在，让我们来谈谈该如何去做。

最直接的杠杆当然是金钱。你可以用钱来获得你想要的东西，例如，你可以付钱给一个清洁工，这样你就有更多时间和家人在一起；或者你可以用钱来换取你觉得重要的东西，以建立人脉或获取经验，就像菲尔作为一名摄影师的做法。

但人们很容易忽视，金钱并不是唯一的价值体现。几年前，我和一位成功的艺术家约会。她的画作卖了不少钱，但扣除画廊 50% 的分成，她能得到的收入并不多。而她真正获得的财富是声誉。她成为一家著名画廊的代表，并在相关出版物上发表过评论文章。这意味着拥有巨额财富的收藏家都希望能够见到她。

我跟她一起去纽约市热门的餐厅吃晚餐，一起参加盛大的筹款活动，甚至去阿斯彭度假屋旅行。与我们一起参加这些活动的伙伴都是非常成功的商人，每次聚会时，她的崇拜者们都会蜂拥而至。如果金钱是对一个人是否成功的唯一衡量标准，我当时的女友就无法参加这些活动了。但是对于那些关心艺术的人来说，与一位杰出的艺术家共度时光所收获的兴奋感才更有价值。这就实现了一个双赢的结果：一方面我们有机会去享受我们原先无法参与的活动，另一方面她也有机会认识其他艺术家和收藏家。

不是所有人都是职业艺术家、运动员或摇滚明星，但只要做好计划、深谋远虑，大多数专业人士都可以开发出自己的价值。当我撰写《脱颖而出》一书，并开发公开课的时候，我意识到：成为你的公司或你所处领域的公认专家有以下 3 个要素：

要素 1：内容创作。

如果其他人不知道你的想法是什么，你就不会因你的想法而出名。因此，你需要找到一种创造内容的方法，无论是写文章、发表演讲、录制播客、制作视频、举办餐会进行分享，或是其他你喜欢的方式。

要素 2：背书。

人们都很忙，所以你需要给他们一个理由，去关注你所表达的内容，而背书就是你证明自己可信度最快捷的方法。如果你能找到一种方法把自己与人们已经认识和信任的品牌或人物联系起来，将对你特别有利。例如，如果你的观点被知名出版物发表或引用，你曾就职于知名公司或为他们提供过咨询服务，或者你是当地专业协会或校友会的负责人……这些都能告诉别人：你值得被倾听。

要素 3：人脉网络。

131

创作内容和提高可信度是必要条件，但是如果没有人知道你是谁，你还是得不到任何好处。你需要建立一个人脉网络，你借他们发声，宣传你正在做的事情。不仅如此，他们还能第一时间帮你识别哪些想法是有益的，哪些是无用的。

许多专业人士，尤其是相对资深的专业人士已经具备了其中两个要素。如果你一直在努力让别人听到你的想法并建立专业声誉，你可能会因为碰壁而感到沮丧。你得同时具备3个要素，否则即使你在最擅长的要素上加倍努力也无济于事。就算你可以一个月写100篇文章，但是如果你都写在了自己的博客上，而且没有人知道你是谁，那也不会有人向你约稿或是咨询。

相反，正确的做法是抓住你擅长的领域，充分发挥你拥有的价值，并战略性地利用它来获得你所缺乏的价值。例如：

- 如果你擅长创作内容，但没有背书，你可以展示你的作品，并毛遂自荐，为知名出版物撰稿。
- 如果你擅长创作内容，但没有人脉网络，你可以要求采访某些人物，从而建立人脉。
- 如果你有很强的背书，但不擅长创作内容，你可以找别人来描写你，或者引述你的观点。
- 如果你有很强的背书，但没有人脉，你可以邀请别人到你参与管理的组织发言。

- 如果你有一个强大的人脉网络，但还没有创作内容，你可以开始
制作一个播客，采访你的朋友。

- 如果你有强大的人脉网络，但没有背书，你可以借助你朋友的
关系，让他们邀请你去他们任教的大学或他们领导的组织演讲。

许多人一筹莫展，是因为他们只聚焦于成功的单一要素，如果他
们不具备这个条件，就会自怨自艾，"我没有足够的钱做这件事"或
"我没有上过常春藤盟校，所以我不能做那件事"。但是获得成功可远
不止一种方法。创造性地利用你已经拥有的或可以获得的资源，以此
换取你想要的其他资源。正是这些战略性的权衡让你能够做出更明智
的长期选择。

现在你应该更清楚，只寻求短期目标永远不会让我们获得理想的
结果。我们很难具备实现长期成功所需的全部素养，所以我们需要
进行战略性权衡。一旦我们利用现有资源换取成功所需的其他资源，
我们可以实现看起来不可能达成的目标。

这是一个漫长的过程，我们需要指导和支持才能实现。但是如果
我们还没找到值得信赖的顾问，该怎么办呢？我们应该如何找到更多
人来给我们帮忙呢？这就是接下来要讨论的内容了。

战略性耐心养成清单
THE LONG GAME

1. 合理规划时间必须思考的 2 个问题：

   - 怎样利用好每天浪费掉的时间？

   - 什么事情投入 20% 的精力却能获得 80% 收益？

2. 优化日程做出取舍的 3 个要点：

   - 明确自己最在意的人或事；

   - 弄清理想的生活方式是什么；

   - 清楚要达成的职业目标。

07

THE LONG GAME

第 7 章

——

实现目标需要与他人
建立真正的连接

"

让人们倍感压力的
不是人际交往这件事本身，
而是在人际交往中
利用他人的想法。

"

几年前，我搬去了纽约市，我发现自己在那里没有朋友。当然，我在圈子里有熟悉的人，如果愿意，我还是可以约人出来吃午饭，喝咖啡。我可以把办公时间安排满，但这片刻的欢愉一旦结束，我的生活回归正常节奏后，我发现我每个晚上都很闲，甚至有些空虚。

我必须做出改变。虽然我之前告诉过朋友我要搬到纽约，但纽约的朋友们仍然以为我住在波士顿，所以他们在聚会时很容易忘了我。而且，我认识的大部分人都是泛泛之交，他们不是那种能邀请我在周末晚上出去闲逛的朋友。我凝视着天边闪烁的灯光，城市在我脚下车水马龙，我在思考怎样才能找到一种办法，可以与有趣的人建立联系并组建属于我的社交圈。

我不想抱怨在我遇到困难时没有人伸出援手，不想抱怨自己遇事不公，也不想抱怨在纽约交不到朋友。我得主动做点事情。我回想起童年时母亲给我的建议，每当我没被邀请参加同学的生日聚会冒险活动时，母亲都会这样说："要得到邀请，你得先发出邀请。"现在来看，这仍然是一个不错的建议。

很多时候，即使是那些聪明又有成就的专业人士，也认为自己在社交方面缺乏信心。他们会给自己设置很多障碍，"他为什么要见我？""她太忙了。""我不想强迫别人。""我不想看起来那么可怜。"的确不是每个人都想和你一起喝咖啡，虽然像杰夫·贝佐斯、沃伦·巴菲特这样的大人物会把你拒之门外，但这并不代表所有人都不想与你建立联系。在那个让我倍感孤独的纽约之夏，我发现其实大家都渴望建立联系，很多人都在等待一个永远都等不到的邀请，如果你在这时主动提出来，那他们会非常感激你。

我预订了一家不错的墨西哥餐厅，这家餐厅的音响效果很好，还有可以容纳 10 个人的圆桌。我开始着手准备请柬，一开始，我从自己认识的人开始邀请，但很快我就扩大了范围，我会时不时找一名搭档，每个人邀请四名嘉宾，这样我们就可以互相认识彼此的朋友。

聚会的形式很简单，前半小时是非正式的，大家从容地到达聚会地点并点菜。接下来，我们会围坐在桌子旁，开始自我介绍。在上菜时，我们会休息一会儿，以方便服务员上菜，之后我们会问一个每个人都能回答又有一定深度的问题，比如"今年让你最自豪的是什么事情？""你对秋天有什么期待？""在过去的几年里，你得到过最深刻的感悟是什么？"

　　到现在，我已经主持过 60 多场晚宴，每场都有数百人参与。随着时间的推移，我成了一个连接的纽带，而这是在我原本完全陌生的城市里。在疫情期间，我将晚宴的形式转为线上，并开始与我的朋友亚里沙在视频会议软件上一起主持这些活动，这样一来，我们不仅能够继续聚会，还能邀请来自世界各地的嘉宾。

　　我邀请的人并不会全部成为我最好的朋友，甚至有许多人到后面都失去联系了，他们从未说声谢谢。有些人在聚会开始前的最后一刻决定不来了，有些人甚至干脆销声匿迹。但我还是跟一些人取得了商业上的往来。我在一次聚会上认识了一位编辑，也是因为这个缘故，我开始与《新闻周刊》(Newsweek) 合作，主持每周一次的视频访谈系列活动。

　　我跟一些与会者成为很好的朋友，我可以在周末晚上邀请他们出来闲逛。而且，当初跟我一样乐于举办晚宴的还有其他人，我并不是唯一的受益者。一位与会者对我说："每次与埃文见面时都会想起你，他为我的初创公司筹集了第一轮资金，现在是我们公司的一名顾问。要不是你当初邀请我参加你的晚宴，我根本不会认识他。"

　　建立人际关系网有很多好处，你可以结识有趣的人，学习新知识，发现新趋势，还能找到一份新工作，认识新客户或拥有董事会席位，而这些都能为你的职业生涯助力。可有许多人对建立人际关系网很抵触，或者总是无限期地拖延。

有时候大家不去做，是因为交朋友需要投入大量的精力。你可以只请别人喝咖啡，但是如果把这样的泛泛之交变成一段稳定的关系，则是一项投资，是许多成年人从大学开始就忽略掉的投资，那时朋友们就住在隔壁宿舍，我们不需要太多成本就能获得稳固的友谊。而作为一名成熟的专业人士，他们不仅有工作在身，还有照顾家庭的重任，这样一来，交朋友就变得更加困难了。

让一个人成为你真正的朋友需要投入大量时间。堪萨斯大学杰弗里·霍尔（Jeffrey Hall）教授的研究结果表明，从泛泛之交到普通朋友需要互相接触差不多 50 个小时；如果再进一步，想成为真正的朋友，则需要再接触 90 个小时。也就是说，两个陌生人要想成为至交好友需要 200 个小时。可现如今的社会里，谁有这么多时间呢？

不过，即使你们只是泛泛之交，也可以随着交往的深入发生变化。这一规律在社会学家马克·格兰诺维特（Mark Granovetter）1973 年的开创性论文《弱关系的力量》（*The Strength of Weak Ties*）中讨论过。我在 2015 年遇到过一位女士，当时她被我的搭档邀请来参加晚宴。那次之后，我又邀请她参加了几次晚宴，而她则邀请我参加她的播客采访，写了我的故事，这是一种愉快且轻松的联系。后来，她给我介绍了一个业务机会，在过去 5 年里，这个业务为我带来了超过110 万美元的收入。这是我永远无法预料的意外之喜。

大家不去主动创建人际关系网还有一个原因，这甚至比时间的矛盾更为突出。这个原因是：社交让他们感觉自己有点"脏"。

哈佛商学院的弗朗西丝卡·吉诺（Francesca Gino）团队进行的一项研究结果表明，许多专业人士在提到人际关系网时会感到羞愧和虚伪。不仅仅是在主动建立人际关系网的时候，就连想到这回事儿都会觉得"脏"。弗朗西丝卡团队让参与者对各种消费品排序，看看他们想要什么，这些消费品都是肥皂、牙膏等清洁用品或便利贴等"中性"物品。对于那些第一次读到职业社交信息的参与者来说，清洁产品突然变得更有吸引力了，仿佛要用这些产品洗掉职业社交的"脏"。

当然，并不是每个人都能认可这种社交方式。但在实验中，弗朗西丝卡团队发现了两个重要的现象，这或许为那些无法融入人际关系网的人提供了一个新思路。首先是交易性社交，即你希望从人际交往中获得特定利益，比如带有"我想见到那位风险投资家，这样她就可以投资我的公司"的想法，这比单纯的交友要糟糕得多。其次，初级专业人士往往比高级专业人士更抵触建立人际关系网。这有两种可能：一种是高级专业人士之所以能一路晋升，是因为他们喜欢或至少不介意进行社交活动；另一个原因是高级专业人士不会感到压力，因为他们有地位和人脉，可以确保建立的关系是平等互惠的，例如，你可以把我介绍给一位潜在客户，而我也可以为你做同样的事情。

弗朗西丝卡的见解一针见血，让人们倍感压力的不是人际交往这件事本身，而是在人际交往中利用他人的想法。因此我们可以将人际关系网分成三种类型：短期社交、长期社交和无期限社交。短期的、交易性的社交，会给职业发展带来不好的名声，我建议大家尽可能地避免它。真正的人际关系，目的并不在于以最快的速度得到什么好处，否则可就太讽刺了，但人们往往会反过来把它作为不参与社交的借口。

当我们意图建立长期的或无期限的人际关系网时，也就是说，当我们开始结交朋友，建立关系，而不是简单地想要从中获得一些好处时，你的感觉会完全不同。就像弗朗西丝卡研究对象中的年轻人一样，我们需要花时间去了解如何帮助他人，而不是简单地受他们恩惠。比如想想："我有什么资源可以提供给他，而这种资源刚好是他没有的？"这看起来很复杂，但有一些策略和方法可以挖掘出你具备的潜在价值。下面我们来谈谈应该怎么做。

短期社交，一年内不提需求

我指导的一位客户跟我说："前几天有一个人联系我，要求和我用视频软件通话。"他们是一个小组的，所以我的客户欣然同意了。紧接着就是"偷袭行为"，我的客户说："他是个好人，但我们刚刚开始背景讨论 10 分钟，他就求我帮一个大忙，我吃了一惊。如果换作是我，即使我们碰巧分在同一个组，我也绝不会向陌生人提出这样的要求。可我不想被人埋怨，所以我答应了帮他，但事后我觉得自己被利用了。"

我们都有过这样的经历，一次简简单单的聚会变成了一场"伏击"，而我的客户肯定不是唯一一个遇到这种情况的人。第二周，另一个朋友向我寻求建议，在过去的几个月里，他认识了一名同事，他们不时有些联系，一共通过四次视频电话。后来，这位新同事提出了一个重大的请求，要帮他做成这件事需要消耗大量的政治资本。我的朋友说："我很纳闷，这是他一直计划好的吗？他是不是一直控制着节奏，假装有兴趣认识我，其实是在伺机提出他的请求？"

我数不清有多少现实中或网上的陌生人请我把他们介绍给杂志社的编辑或各行业的名人。有时在短期内，这样的进攻策略可能有用，人们会在某个时刻妥协，答应别人的要求，但如果从长远来看，事实却并非如此，因为当人们感到自己被利用时，他们就再也不愿意帮忙了。

我们无法避免建立短期的社交关系。虽然这有时候是必要的，比如你突然被解雇了，急需一份工作，但是铤而走险肯定不是个好办法，你也不应该在这种情况下尝试建立新的关系，一些专业人士狂妄地曲解了"问问也无妨"这句话。争取我们应得的东西是必要的，比如加薪或升级房间，如果你可以有礼貌地提出合理要求，你可能会有意外之喜，但这并不代表你有权向任何人索取任何东西。

在你真正需要帮助的时候，你可以理所当然地求助于你的朋友。他们了解你的性格和能力，他们愿意为你动用他们的人脉，他们愿意把你与能为你提供帮助的陌生人联系起来。比如对方的公司正好有一个职位空缺，而他也会好好对待你，因为你是你们共同的朋友介绍的，是你的朋友认识且信任的人。如果你在这种情况下还冷淡地对待你的朋友，就没人帮得了你。根据弗朗西丝卡的研究，你应该不会这样做。

我一直要求自己，也建议他人在一年内不求人，这是我的经验之谈。有一次，我遇到了一位崭露头角的新星，她是一位记者，写了一本新书，广受好评。她在一个重要的会议上发过言，我希望自己也能被邀请参加这个会议。我们一起共进过晚餐，通过几封邮件，我认为我们已经熟悉起来了，所以我决定试探她。我绞尽脑汁地写道："祝贺你，你的演讲很成功！我很喜欢这个视频。我有一个目标，就是有一天也在那里演讲，你对我有什么建议吗？"

我当时觉得这封邮件写得还不错，因为与其他人的"偷袭行为"不同，我没有直接请她介绍活动方我给，我只是请她提供一些信息。但事后回想起来，我才意识到自己这样做太过分了，我太心急了。她名气很大，恐怕求她的人都快把她淹没了，尽管我觉得自己有资格成为她的伙伴，但我想我的请求与那些她不怎么熟悉的人提出的想法也没什么不同。

我可以想象她在处理这些邮件时的想法，她会回复一些常规性建议，紧接着她会收到一条回复，比如："非常感谢，这真的很有帮助！顺便问一下，你介意把我介绍给活动负责人吗？你也知道我是一个完美的演讲者。"为了避免生硬地拒绝，也为了不给自己惹麻烦，她会在这时结束对话，因为她知道接下来会发生什么。

我没有收到过她的回信，可能她认为我和那些只想利用她的人没什么不同，觉得我是想让她把我介绍给她的编辑，或者让她引荐我参加活动。我被这种认知刺痛了，我发誓绝不让任何人再产生这种误会了，因此我决定一年内不求人。

　　但我仍会邀请朋友参加活动，因为友谊的意义就在于彼此了解，我也会请他们帮些小忙，比如，问问他们使用的转录服务叫什么名字。而那些需要动用各种关系的请求，才是成功人士一直抵触的，你也一定不想把自己归入到这一类人中。所以如果你可以等到一年后再求人，就不会有人揣测你的目的了。而且在这时，即使你之前真有什么功利性的目的，此时你也会改变初衷。"一年内不求人"的准则能让你平静下来，专注于建立真正的友谊。

长期社交，利用共同点建立友谊

　　与功利性的人际关系相比，专注于建立长期的人际关系才是更好的选择。你无须在心里预设什么目标，你只要知道这个人或这个群体值得深入了解就好。

　　10 多年前，当我开始为《哈佛商业评论》撰稿时，就有这种感觉。给《哈佛商业评论》撰稿的都是大学教授、公司顾问和企业高层。我不想借此机会来结识哪个人，我知道，如果我能摆正自己的位置，未来会有好的机会。我创建了一个《哈佛商业评论》投稿人联系表，整理出住在波士顿的作者名单，因为当时我住在波士顿，接下来我就邀请他们一起喝咖啡，并总是主动提出去一个更方便他们赴约的地方。

你可以利用自己与他人的共同之处与之建立长期的友谊，人们总是对那些有低级趣味的人保持距离，因为这些人往往目的不纯。但如果你能以同行的身份去接近别人，比如跟对方说"我也是《哈佛商业评论》的撰稿人"或"我也是某团体的成员"，那他们往往渴望跟你建立联系，我称这种情况为"强化优势策略"。

我努力在我力所能及的范围为别人提供帮助，比如在其他出版物上采访即将出版新书的撰稿人，我会主动帮助他们推广作品，让他们觉得我是一个有价值的朋友，这使我能够快速打入他们的圈子，让我更容易与其他撰稿人建立联系。不仅如此，这还为我带来了与他人合著的机会，我还因此被介绍到法国一所知名商学院教了几年书。

但是，如果你没有想加入的圈子怎么办？你可以自己创造一个。

坦维·高塔姆（Tanvi Gautam）回忆说："我在这里没有社交圈，没有工作，也没有朋友。"这就是她 2011 年从美国搬到新加坡时的生活状态。那时，坦维注册了 Twitter 账号，她本想通过 Twitter 跟别人建立起联系，但网友们的话题总是围绕北美展开。于是她行动起来，建立了一个社群。她回忆道："我策划了一份亚洲 50 名杰出女性名单，供人们在 Twitter 上关注，这让我收获了大量粉丝。之后，我注意到所有推文聊天都没有发生在亚洲。所以我为从事人力资源工作的专业人士推出了一个 Twitter 聊天社群，这是最早出现在亚洲的，盛行于国际的 Twitter 聊天社群。"

坦维不知道她建立的在线社群会给她带来什么机遇，但她知道她想与这些人建立联系。她回忆道："社群里有来自世界各地的首席财务官、首席执行官、作家、思想领袖等。"因为她创建并管理这个团体，作为新加坡管理大学教授的坦维获得了演讲邀约，她的成就被报纸、杂志频频报道，并连续 6 年被人力资源管理学会誉为社交媒体影响力人物。

除了建立自己的团体，你还可以根据未来的长期目标确定你想了解的人或群体。如果你未来几年可能会搬到洛杉矶生活，你可以有意识地了解加州人，这样你就可以知道那里的生活是什么样子，你在搬家时会有一个朋友圈等着你。同样，如果你对从事兼职教学工作感兴趣，你就可以在学术界建立新的联系，请学术界的朋友们为你提供建议，这也不失为一个好主意。

重点是记住，要与高素质的人建立联系。珍妮·费尔南德斯（Jenny Fernandez）就是这么做的。之前她在一家消费品包装公司工作，她和经理建立了稳固的关系，不久她的经理被提升为中国办事处的首席市场官。珍妮回忆说："在社交媒体还不普及的日子里，距离远，加上十二三个小时的时差，我们很难保持联系，但我总是主动联系她，让她知道我过得怎么样，我的职业进展如何，部门里发生了什么新鲜事。"

虽然随着时间的推移，她们之间的联系很容易中断，但是珍妮的做法得到了回报。"4 年后，她邀请我加入她的团队，那时她已开始担任亚太地区首席营销官了。"珍妮说。她任命珍妮负责一条主要的产品线，主导这条产品线在 13 个国家的商业战略和营销工作。

很多专业人士对他们的人际网怀着"眼不见，心不烦"的态度，**但是成为长期主义者就要注意沿途优秀的人，并与之保持长久的联系。**一些专业人士看到眼前的机会，往往会过早出击，这种做法相当于跟一个刚认识的人寒暄了不到 10 分钟，就要求对方帮个大忙。你可以再耐心一点，把对方的利益放在首位，以此获得一个双赢的结果。

营销顾问克里斯·马什（Kris Marsh）将这个原则用在了她与汽车经销商长期的关系中。她回忆道："有一天，我们一起吃午饭叙旧，他提到代理商正试图与新一代人建立连接。我本可以试着卖给他一份合同。"但她没有，当时，她在中央密歇根大学教授广告课程，她提议让学生与经销商一起为代理商设计一个宣传活动。"这是双赢，"她说，"我的学生获得了实践机会，代理商也得到了很好的宣传。他听取了我的建议。"

最牢固的客户关系并不源自你持之以恒地推动谈判进程，或把推销的产品硬塞给别人，而是来自对方对你的信任，这样他们才会问你是否考虑与他们合作。通过这次与学生的合作，经销商看到了她的实际行动，也因此对克里斯有了更深入的了解。她说："他对我在课堂上表现出的领导力印象深刻，他很好奇我能为他的领导团队做些什么。"现在他已经邀请我为他的团队主持了几次领导力发展研讨会，他还把我介绍给了几位其他客户。

或许汽车经销商会接受克里斯与学生的免费帮助，然后销声匿迹，这样她的慷慨就会让她失去一份合同。但是，我们也知道，只想吃免费午餐的人大概率不会是好客户。沃顿商学院教授亚当·格兰特（Adam Grant）在他广受好评的著作《沃顿商学院最受欢迎的思维课》（*Give and Take*）中写道："别犯傻，不要一直对从不回报的人付出。但是，如果你总是对别人很慷慨，总会有人注意到你，并受到启发来帮助你。"正如克里斯所说："真正的关键业务都建立在相互信任的基础之上。"

长期社交不是为了帮你解决当下的问题，而是重在培养你与让你仰慕的人之间的关系，我们不确定它将以何种形式出现。但是，当你在合适的时间遇到合适的人时，你一直等待的机会就来了。

无期限社交，被优秀的人吸引

最令人满意的社交形式其实是无期限社交，这种关系是简单纯粹、顺其自然的。因为当你没有什么目的或期望，仅出于对这个人的好感而与之交往时，你就可以享受这种体验，让它和谐地发展下去。

我们通常会根据自己当下的身份或对未来的设想来优化人际网。但我们无法预测未来，用数年时间在自己的行业中发展人际关系，最后却不得不转行，我们在当地建立了深厚的社交关系，结果却因为一份无法拒绝的工作机会而移居别处。

遇到这些情况，最好的解决方式就是建立无期限社交。你遇到的人可能与你的职业没有半点关联，就像你是记者，他们是宇航员，你是会计师，他们是政治家。但是，经过时间的洗礼，你们的职业和生活轨迹都会发生变化，你们会更加接近对方，甚至会以意想不到的方式相互影响，让你们相互合作，唤醒你们旧时的激情，或者激发出创造性的解决方案。你的生活因为他们的存在而不同凡响，锦上添花。

哈伊姆·马卡比（Hayim Makabee）就是这样做的，他是一家名为 KashKlik 的新兴影响力营销公司的创始人。哈伊姆出生于巴西里约热内卢，大约 30 年前移民以色列。为了回馈社会，他在一个移民援助组织做志愿者，他与一位叫里卡多的同事成为朋友，他们一起组织了一些聚会、讲座和节日庆祝活动。

里卡多后来在一个创业孵化组织工作，这个组织设在以色列著名的技术大学中，里卡多一直记得哈伊姆。"里卡多邀请我在这个创业孵化组织的活动中向投资者推销我的初创公司，"哈伊姆回忆道，"后来，里卡多还负责接待前来参观以色列理工学院的巴西企业家代表团。他多次邀请我来介绍自己在以色列的创业经历。"

这些经历让他收获颇丰。"我在这些代表团中遇到一位企业家，他邀请我加入他创业公司的董事会，"哈伊姆说，"现在，我是一名执行董事，拥有这家巴西初创公司的股权。"当哈伊姆最开始在移民援助组织做志愿者时，从来没有想到这些。他不知道自己会和里卡多交朋友，更不知道里卡多会在职业发展上帮到他。如果你在建立人际关系网时不抱功利性的目的，只想着结识有趣的人，帮助别人，学习新的东西，那么一切都有可能。

回顾过去，劳拉·加斯纳·奥廷（Laura Gassner Otting）意识到她正是扩大了人际网的边界才取得了成功。她的名字从《早安美国》（*Good Morning*）的时代广场演播室里传出，光鲜而闪耀，很多观众为她欢呼。每年出版的图书超过 100 万种，在这种情况下，一名新作者几乎不可能被注意到。劳拉的第一本书《永无止境》（*Limitless*），不是由纽约的大出版社出版的，她也不是名人或真人秀明星，她只是一位来自波士顿郊区的母亲、企业家，但她的书刚出版一个月，她就收到了一生中最重要的邀请。

她是怎么做到的？——劳拉给出的答案是无期限社交。

人们总是想要一粒"灵丹妙药"来帮他们得到机会、合约，但是"灵丹妙药"并不是一"粒"而是一"瓶"。对劳拉来说，这些成功都依赖于她的资源指南。15 年来，她一直经营着自己的猎头公司，后来她把公司卖给了公司的员工。她在 TEDx 发表过一次演讲，之后有很多人向她咨询专业演讲的事情。她也开始认真考虑从事专业的演讲工作。她要从哪里开始？又该收多少钱呢？

为了学习，她加入一个专业演讲者小组。"当我第一次被邀请加入那个小组时，"她回忆道，"我被吓坏了。这些人太不可思议了，他们一次演讲就能赚 3 万、4 万甚至 5 万美元，我心想，'他们会很快发现我根本不属于这里。'"但她没有通过保持沉默来逃避问题，而是采取了不同的策略。"我要主动出击，我要学习，我不能只从这里获取资源，我要把其他资源补充进来。"

她的第一个问题是如何起草一份演讲合同。小组创建了一个数据库，成员可以上传他们的合同供其他人查看，但合同的内容混乱无序，需要查阅者做大量的筛选工作，而劳拉决定应对挑战："我先快

153

速地浏览了一遍，然后做了笔记，比如，我整理出了商旅、摄影、知识产权等方面的通常做法，并把这些内容分享给了小组成员。"

劳拉创建了一个清晰、易于理解的阅读指南，收集了各个方面的最佳做法，使这些无规则的数据对每个人都有用。不久，"我成为这个小组中最'酷'的一员，因为我一直在回馈。每当我学到一些关于图书出版、播客的知识，我会不厌其烦地分享资源，其实这种工作每个人都可以做。"她说，通过自愿分享，"我开始与素未谋面的人成为网友，但在现实生活中，我恐怕都不敢给他们打个电话。"

小组中有一位杰出的加拿大作家和数字营销专家，名叫米奇·乔尔（Mitch Joel）。一天，他在小组里发消息说他将在波士顿参加一个会议，询问是否有人愿意与他一起吃午餐。劳拉表示愿意，一段友谊就此诞生。但这只是开始，米奇和劳拉一直保持着联系，几个月后，他给她发了一条不同寻常的短信。劳拉回忆说："他大概在说，'明天有个活动是我们公司赞助的，副总统是主要发言人。我知道你有政治背景，所以你明天有时间来参加活动吗？'"

这一定是一个经过深思熟虑的邀请，但对劳拉来说，去参加活动并不方便。劳拉住在美国波士顿，而米奇的活动是在加拿大的蒙特利尔。她必须买一张机票，并改变第二天原定的所有计划。劳拉回忆道："我本可以很轻松地说，'不，我不想参加这个活动。我不应该花这笔钱，因为这看起来不太靠谱。'"但她并没有这么说，而是重新安排了自己的日程，与米奇参加了一天的活动，包括与副总统见面寒暄。

当你建立无期限社交关系时，你永远不知道它最终会带来什么结果。劳拉说："如果你跟合适的人一起做一件对你们有益的事，那就一定会迎来好的结果。"事实的确如此，有一件事是米奇在会议组织者斯科特耳边低语的："劳拉有一本书要在两个月后出版，你应该让她成为活动的发言人。"斯科特即将召开一系列大型领导会议，有成千上万的与会者和演讲者参与其中，其中不乏知名人士。劳拉明白自己的处境，她不会因为演讲而得到任何报酬。"因为我刚开始演讲时，这种情况经常发生。"她说。不过，斯科特愿意批量订购劳拉的新书，所以她开始了加拿大巡回演讲。

在最后一站，其中一位演讲者是罗宾·罗伯茨（Robin Roberts），她是《早安美国》的主持人，也是劳拉心目中的英雄。劳拉非常想见到她，但不知道怎么才能见到。她把自己的失落倾诉给了活动主持人，他们在巡演过程中已经成了朋友。"米奇从书堆里拿出我的书，递给我说，'来，签名，写得漂亮些，罗宾一定会收到它。'"劳拉发自内心地写下罗宾是如何激励她，以及自己对罗宾的崇敬。当罗宾离开时，活动主持人真的追上她的车，把劳拉的书放在她手里。罗宾在回家的航班上读了这本书，在社交媒体上向她的百万粉丝介绍了这本书，并告诉她的制作人："邀请她来我们的节目吧！"

"当我梳理合同注意事项时，我根本想不到这会促成我和米奇的友谊，让我和斯科特相遇，从而登上巡回演讲的舞台，也想不到我会遇见罗宾，巡演主持人会帮我把书送到罗宾手中，再把我带到她跟前。"劳拉说，"如果你在生活中带着为他人服务的想法，那你会源源不断地获得大量回报。"

当你以无限的视野与他人建立联系时，不带有任何其他目的，为他人提供帮助，加深与有趣的人的关系，机会也会随之而来。这也是我在格莱美颁奖典礼上偶然发现的。

成为一名人际网络的连接者

2017 年 2 月，我穿着燕尾服上气不接下气地冲到礼堂前，还有几分钟我就要登上舞台，帮人代领格莱美最佳爵士大乐队专辑奖。我眨了眨眼睛，迎着聚光灯，微笑着走入广阔昏暗的礼堂，然后被工作人员安排着在后台拍照。

我是怎么获得这个奖项的？我不是爵士乐大师，甚至不是爵士乐鉴赏家，我分不清迈尔斯·戴维斯（Miles Davis）和迪齐·吉莱斯皮（Dizzy Gillespie）与塞隆尼斯·蒙克（Thelonious Monk）。我之所以能成为那张爵士乐专辑的助理制作人，是由于我在另一个领域的技能——人际交往。

我将对我利用人际交往能力获得格莱美奖的过程进行分解，让你能明白人际交往能力是如何起作用的。

我一搬到纽约市，就遵循我的人际关系网拓展策略，研究了这个地区的其他《哈佛商业评论》作者。最后，我与住在这座城市的风险投资家丹尼尔·古拉蒂（Daniel Gulati）约了见面。几天后，丹尼尔被安排在纽约社会研究新学院的一个小组讨论会中发表演讲。但他们还需要另外一个演讲者，丹尼尔问我是否愿意加入。

观众席中有位名为迈克尔·罗德里克（Michael Roderick）的顾问，他是百老汇前制片人，演讲结束后他找到我，想和我合作，我们决定共同主持交流晚宴。

几个月后，迈克尔邀请赛莱娜·苏（Selena Soo）也加入了这个小组，我在《创业的你》一书中介绍过这位企业家。

几个月后，一位名叫本·米凯利斯（Ben Michaelis）的心理学家兼高管教练请赛莱娜帮忙邀请人们参加他组织的社交早餐会，赛莱娜邀请了我。

早餐会上，我遇到了卡比尔·塞加尔（Kabir Sehgal）。

卡比尔具有文艺复兴时期的气质，他是《纽约时报》（*New York Times*）的畅销作家，从事金融工作，他的作品涉猎范围很广，并与获巴克·乔布拉（Deepak Chopra）合著过诗集，做过民权运动研究，还写过货币史。简而言之，他是一个知道如何为兴趣而努力的人。

卡比尔还是一个认真的爵士音乐家，曾制作过许多唱片，当我了解到接下来他要为一部歌剧写剧本，我立即想到自己可以帮助他建立一些人脉关系。这是我加入 BMI 工作坊之前的事儿，那会儿我还没有在音乐界发展，但我已经建立了各种各样的无期限社交关系，认识了很多包括歌剧歌手和歌剧作曲家在内的音乐家。为了帮助卡比尔，我决定举办一个聚会让他们互相了解。所以在 7 月的一个晚上，我邀请了十几位音乐家来我家的天台聚会。

在这次活动中，卡比尔与一位合作者建立了联系，他们开始一起创作歌剧。几个月后，卡比尔想报答我的恩情，但他正忙于另一个项目，于是给我寄了一张便笺："多利，我可以邀请你担任我今年夏天即将发行的专辑助理制作人吗？这张专辑是由泰德·纳什大乐队演奏的《总统套房》（*Presidential Suite*）。"他认为这张专辑很有机会竞争格莱美奖。果然，几个月后，提名名单公布了，泰德·纳什大乐队获得两项提名，最终我们拿下了这两个奖项。

我从未想过我会参加格莱美奖的颁奖典礼，更没想过走上红毯，在舞台上帮忙领奖，但是当我敞开胸怀与他人互助互惠，不可思议的事情真切地发生了。人们总是对社交过程感到不耐烦，在见过两次面却换不来一份新工作，或一份价值六位数的合同时，他们就会大发雷霆，认为这些社交是没有用的。然而我和卡比尔也是从丹尼尔到迈克尔，从赛莱娜再到本，辗转联系上的，这个过程合情合理，并没有什么捷径可走。

建立人际网的益处远出乎我的意料，我们并未完全理解它所引发的人际关系间的指数级连接，也无法预料因此与他人碰撞出的巨大火花。你无法预测一次偶然的联系会产生什么后果，哪些交往会开花结果，哪些会无疾而终。如果我们以为"一起喝过咖啡"这样的交情就能从中获得新的工作机会之类，这种投入产出比是不可能的，而且你很容易失望。但是当我们将社交的目的从长计议，你就不会急于求成了，这是结识成功人士的必经之路。

弗朗西丝卡·吉诺和同事们意识到：当你纠结于如何为他人提供价值，或因此而陷入自我怀疑时，人际交往就变得不再愉快了。但是如果我们仔细观察，就会发现我们每个人都会有一些"人无我有，人有我优"的特质，我们只需要在这方面有所创新。如果你能直接满足他人的需求当然很好，比如有人需要招聘一名员工，你的朋友恰好符合要求，或者有人需要聘请一位知识产权律师，而你恰好能帮忙推荐。但是像这样能够完美契合的机会很少见，所以我们需要学会利用其他价值作为货币进行交易。

其中一条可以利用的价值就是建立友谊并分享经验。当哈伊姆在以色列与里卡多一起工作时，他没有想到里卡多有一天会帮助他，他并不是为了帮助自己的公司而培养这段友谊。他们一起参与慈善项目，建立了牢固的关系。同样，珍妮在工作时赢得了她前经理的信任，此后几年，即使她们在地球两端，也一直保持着联系。同行之间总是喜欢相互联系，交流经验。如果你身处某个团体，不管你是校友会成员、出版物的投稿人或专业协会的成员，你都可以利用这一点去接触他人，与之建立联系。

或者在其他情况下，你也可以贡献"汗水"，就像我在《深潜》一书中提到的希瑟·罗滕伯格（Heather Rothenberg），她是一名年轻的研究生，通过自愿担任团队秘书的方式与其行内有影响力的领导人建立了联系。她所做的事情并不特别，她只是做记录，安排电话会议，但就是通过这些小事，她与组织中的主要领导人建立了深厚的友谊。

此外，高层领导经常陷入回声室效应[①]中。他们希望听到不同的

[①] 指在网络空间内，人们经常接触相对同质化的人群和信息，听到相似的评论，倾向于将其当作真相和真理，不知不觉中窄化了自己的眼界和理解，走向故步自封甚至偏执极化。——编者注

观点，但往往事与愿违。因此，如果你来自行业的一线，并对你的工作内容有独特见解，或者你有与众不同的技能，这些都会使你的观点更容易被高层领导采纳。

另一种为他人提供价值的方式是帮助其建立有意义的人际关系。 我在纽约市举办晚宴，这使我能够与与会者联系、叙旧，也可以帮助他们与其他人建立人际关系。我的朋友找到了她的创业顾问，卡比尔与一群歌剧专业人士建立联系，如果他们没来参加我组织的晚宴，就不会发生这些事情了。

成为一名连接者的想法很棒，这意味着你会拥有很大的人脉网络并通过它们创造奇迹。也许正因为如此，还有挥之不去的陌生人效应 ①，许多人以自己是一名连接者而自豪，却并不理解作为一名连接者的隐形规则。而这其中的第一点就是连接应该是双方同意的，你需要询问双方是否愿意见面。我经常收到这样的邮件：

> 通过这封邮件，我想向你介绍一个人，这是他的个人简历。他是你的粉丝，喜欢你的作品。我知道你很忙，但我想我还是应该介绍你们认识，以便同步你们在人际网中的超能力。

---

① 由加拿大著名作家、演讲家马尔科姆·格拉德威尔提出，旨在告诉人们在与陌生人打交道时，如何减少和避免一些错误，做一个清醒决策的聪明人。——编者注

这看起来是一个友好的举动，听起来也非常让人开心，能让互相喜欢和尊重的两个人结识，但这也存在很多问题，如果邮件的发出者真的知道我有多忙，那他应该问我是否真的有时间见他的朋友。他似乎相信"同步我们的超能力"就足以成为将我们联系在一起的理由，却没有具体解释让我认识这个人的理由。

我没有表达过想认识更多某行业背景的人，我和他也从来没有讨论过关于人际网的话题，也没讨论过我对一段新关系的态度。既然我们双方对于人际关系的态度都不明确，他所建立的联系很快就变成了一种应付差事的家庭作业。虽然他并不关心事情的结果，但他还是给我布置了一个 30 分钟的任务，他让我与他的朋友进行交流，让我尝试了解我们之间有什么共同点，并思考发展这一段关系的益处。

这位介绍人犯了一个常见的错误，那就是默认每个人都愿意接受这样突如其来的介绍，并对潜在的人际关系有相同的衡量标准。除非直接让我们明确事情的来由，除非介绍人是我们最好的朋友，我了解他们，否则我们必须问清楚事情的原委。

如果你在与他人初次建立人际关系时有创新的想法，能做一些与众不同的事情，那么你就能在众多的邀约中突出重围，得到关注。建立人际关系的常规方式是喝杯咖啡或视频聊天，这并没有什么特别之处，所以你很可能会淹没在"人群"中。相反，想想对方有什么独特的需求，例如，我在去丹麦演讲的几周前，突然收到一封来自一位名叫西格伦·巴尔杜尔多特（Sigrun Baldursdottir）的女士的电子邮件。她写道：

> 哥本哈根是一个以服装、室内设计和装饰著名的城市，我是一名时装设计师，拥有市场营销和国际商务硕士学位，我有超过 14 年的造型师工作经验。

她提出免费带我去哥本哈根购物，还说："我经常在你的网站上看你的视频，我喜欢你的服装风格，我很快就能帮你找到你喜欢的衣服。"如果她在美国跟我说"我可以带你去达拉斯最好的购物中心"，我就不会被她打动了。但她正确地推测，在假期来临之际，和当地人一起游览这座城市并购买礼物的行程很吸引人。我们在一起相处了大半天，到现在仍然保持联系。当你的技能与他人需求契合时，你就可以建立更有意义的联系。

我们都知道，与他人建立人际关系对我们的职业成功和生活质量至关重要，许多人却误以为人际网会促使人与人之间变得不真实，而忽略了发展那些真正的、有革新力的人际关系。有益的人际关系不在于它短期内能给你带来什么好处，而是关乎你想过什么样的生活，或在人生旅程中与什么样的人相处。

想要成为长期主义者，你有时会感到困难重重、心情沮丧，这时我们如何坚持下去呢？这就是我们接下来要谈的。

战略性耐心养成清单
THE LONG GAME

1. 人际交往的秘诀是：要想得到邀请，你得先发出邀请。
2. 短期社交，有时候是必要的，但要注意在交往一年内不向对方提需求。
3. 长期社交，通过利用与他人的共同之处建立友谊。关注优秀的人并保持长久联系，这些人会对你的长期目标很有帮助。
4. 无期限社交，可以与不同领域具有吸引力的人建立关系。这种简单纯粹、顺其自然的关系眼下可能无法帮助你，但随着时间的推移可能会以惊人的方式给你回报。

The Long Game

第三部分

在失败与怀疑中
持续提升自我效能

08

THE LONG GAME

第 8 章

——

战略性耐心是突破瓶颈的关键

"

如果你能耐心地坚持下去，
你投入的时间会转变为你的
竞争优势。

"

在一个夏天的午后，罗恩·卡鲁奇（Ron Carucci）告诉我："很不幸，这个世界给了我们太多关于快速成功的消息，我们都听说过'台上一分钟，台下十年功'这样的俗语，这是经过无数实践证明过的道理，但人们并不相信。大家都认为成功是有捷径的，当我们看到别人在走捷径时，我们也就只想走捷径。"

或许会有人对罗恩指指点点，说他也是一个一夜成名的人。他现在是一家精品咨询公司的负责人，最近几年，他定期为《哈佛商业评论》和《福布斯》撰稿，成功地开展了两次 TED 演讲，其中一次演讲的视频点击量已经超过十万次，另外，他还在谷歌做过讲座。但是他在 2015 年第一次以客户的身份来找我时，却非常沮丧。虽然他的工作能力超群，客户对他赞不绝口，还是一位优秀的作家，喜欢分享自己的想法，但除了他身边的人，没人了解他的这些优点。

我帮他找到了问题的症结。他的作品内容与众不同，从他的言语能看出，他富有洞察力，但能看到他作品的地方只有他公司的博客和简报。也就是说，如果你不在他的社交圈内，你不可能发现他的作品。所以我和我的团队努力打造他的社交媒体形象，建议他可以为知名度较高的出版物撰稿。那是一段令人兴奋的时光，他回忆道："我的第一个《福布斯》专栏，第一个《哈佛商业评论》专栏，第一条 Twitter，第一个领英粉丝，第一个播客等，每个'第一'都让我狂喜。"

他的想法开始被倾听，被认可，被放大。早期他在《哈佛商业评论》发表的一篇文章甚至开始在网上疯传，成了当年十大最受欢迎的文章之一。但也正如他所说，他的幸福感很快就过去了。这种现象被心理学家称为"享乐适应"，也就是我们对某件事的快乐或兴奋会逐渐消退，恢复到正常水平。定期在 8 月出版的刊物上发表文章，这对于一两年前的罗恩来说是一个惊人的胜利，但现在，他又有其他问题需要应对。

他说："你在《福布斯》上有 400 页的浏览评论，可你却感觉很糟糕；你的作品得到 1 万次浏览，你就会想为什么不是 3 万次；你有一篇文章被《哈佛商业评论》刊登了，但另一篇文章却没有被采用，你又会想'我太差劲了'。"当然，罗恩的编辑不会告诉他这些细节，他的朋友、家人和客户也不会在意页面浏览量，但作为他的教练，我向他保证，作品水平参差不齐是完全正常的，这都是一位成功人士必须要经历的过程。

但往往接纳自己才是最难的。罗恩说："你把自己存在的意义交给别人来评判，就失去了主动权。比如你看重页面浏览量、点赞量或分享量等虚荣的衡量指标，或者你去参加一个会议，等着看谁会主动与你搭讪。你必须放下这些错误的衡量标准，但是，这些数据也确实太容易让人上瘾了。"

在很多人的眼里，罗恩取得了巨大的成功。到 2019 年秋，他已经为《哈佛商业评论》和《福布斯》撰写了 100 多篇文章，但他觉得这样还不够，他总觉得有些事情还没做到，其中一个就是出一本重量级的图书。

于是他向"实话实说"（*To Be Honest*）工作室提交了一个方案，他想深入探讨商业道德问题，为什么会有人误入歧途，该如何防范商业道德引起的相关问题。他似乎即将迎来事业的顶峰，这时却有坏消息传来。

他说："这种感觉很糟糕，我没有任何心理准备，就像突然把我送进了一个黑暗洞穴关上三四个月。这是一种情绪上的暴击，让我自卑，甚至成了一个彻底的'受害者'，开始愤怒，恣意妄为，甚至自甘堕落。"

留意两到三年间的微小进步

我们知道成功不是一蹴而就的。然而，当我们看到别人轻而易举就能取得成功时，我们想知道自己究竟做错了什么。即使我们在理智上知道在开始阶段会遇到挫折和失败，就像曾有 12 家出版商拒绝了 J. K. 罗琳（J. K. Rowling）的第一部小说《哈利·波特》（*Harry Potter*），但我们仍然不愿相信这些倒霉事正发生在自己身上。

我也不例外。我在学校一直成绩很好，我钦佩我的大学教授。如果自己能像他一样通过阅读、思考和分享观点来获得报酬，是一件多么美妙的工作！我为这样的愿景着迷，于是决定从事学术研究工作。我被哈佛神学院的神学研究专业录取，并顺利获得硕士学位，我一直以为等到我攻读博士学位的时候也会取得这样的成功。

但事实却并不如我所愿，我申请的每个课题都被拒绝了。所以当我看到信箱里最后一个薄薄的信封时，我激动不已。因为我别无选择，我从未想到自己会如此渴望得到认可。

今天，我在杜克大学的福库商学院和哥伦比亚大学商学院任教，在几乎每个大洲的顶级商学院都做过演讲。我终于能够证明自己最初的职业选择没有错，我喜欢写作、演讲、思考以及跟学生互动，我也很擅长做这些。

在任何有门槛的行业中，行业内的人很难被你说服，但这并不重要，随着时间的推移，真理总会浮现出来。但在短期内，你可能会经常被拒绝，你的优势可能会不被认可。即使一个行业完全没有门槛，比如说运营博客或播客，也不是轻易就能一夜成名的。你需要时间来吸引你的受众，而当你的听众寥寥无几，或别人认为你无法胜任的时候，你一定要坚持下去。

现在，我们还无法判断促成我们获得成功的因素是什么。我们习惯于借鉴权威人士对于成功的定义，但问题是，他们认为的成功也不一定是你想获得的真正的成功。

罗恩谈到他的新书提案时说："好像结果已经是板上钉钉的事实了，全世界都在告诉我，'不要写这本书。'"

这也是安妮·苏格（Anne Sugar）的感受。她是个成功的高管教练，曾在很多大公司以及哈佛商学院从事高管教育工作。她热爱写作，还上过线上诗歌课，曾在知名媒体上发表过文章。但当她有机会为一家高规格的出版物撰稿时，她依然觉得自己面临的是一个巨大的挑战。

此后 6 个月的时间里，不管是在晚上、周末还是辅导客户的间隙，她都在写作。她的文章内容主要针对客户面临的问题，比如授

权、职业倦怠和创造力，她认为其他专业人士或许也在为这些问题而
烦恼。当她免费写了 35 篇文章后，安妮的编辑却说："我们认为你写
作的内容没有新意。"她回忆说："我承认，我哭了。但面对这样的打
击，谁能不难过呢？"

为了摆脱悲伤与自我怀疑，安妮打电话给有过类似挫折经历的
朋友们，想看看他们是如何度过这样的难关的。然而，她的朋友中
有一个人并没有战胜挫折。那位朋友告诉安妮，"我再也没有创作
了"。这个想法把她吓坏了，一次冷漠的拒绝可能会永久地破坏一个
人的创意。安妮发誓自己不会犯同样的错误。她用了不到 5 个月的
时间，就开始为另一份同样享有盛誉的商业刊物写作，她又振作起
来了。

成为一名公认的专家并不容易。有很多新手担心网络上的"键盘
侠"，怕有人不喜欢自己的想法，或者攻击自己。这的确有可能发生，
但是在你进入一个行业最初的几年里，你面临的问题却与之恰恰相
反，大家对你毫无关注。安妮说："在很长一段时间内，我都会产生
'有人在注意我吗？'这样的感觉。"

有时你会怀疑是否有人在倾听，你的努力是否值得。对你来说，
给客户做一次演讲、发表一篇文章或做一次展示会让你感觉很棒，但
其他人完全不在意，这的确令人泄气。但正如安妮所说，耐心等待，

总会有认可的声音出现:"有人喜欢一个我在《哈佛商业评论》上发表的故事,我因此而收到了播客邀约。"领英上有一些陌生人申请加她为好友,她的电子邮件中也增添了新的订阅用户,她还被邀请撰写书评。这些虽然不是举世瞩目的成就,但它们从侧面反映出已经有人开始倾听她的观点了,而且他们想听到更多内容。

安妮最近给我发来邮件,说她刚刚迎来写作 3 周年纪念日,"最近我在领英上发布的文章在疯传。最初的两年时间里,我的每篇文章有 100 余次浏览量就已经让我感到兴奋了!但上个月,我领英上的一篇帖子获得了 5.5 万次浏览量,我在《福布斯》发表的一篇文章获得了超 1.5 万次的浏览量,而我并没有做任何相关的运营推广工作。"随着时间的推移,她意识到,其实自己一直蓄势待发。她学会了正确看待这一切。她说:"虽然现在的我可以称为久经沙场了,但我还有很长的路要走。"

是她的坚持让她看到了远处的提示和曙光,这真是件让人欣慰的事情。

我告诉《公认专家》课程的参与者,他们必须愿意公开分享自己的想法,但至少要两到三年的时间才能开始看到结果。为一个不确定的结果去投入这么多的时间是一个巨大的挑战。我能理解为什么人们不愿意投入精力或者很快就会放弃,但如果你能耐心地坚持下去,你投入的时间会转变为你的竞争优势。

如果你能训练战略性耐心，理解并落实你的工作，而不是盲目地等待奇迹发生，那么你的境况将优于你所在领域的其他人。当然，每个人的情况都不一样，但根据我的经验，我的客户们会在大约两到三年后看到回报，这些小小的胜利都能证明你走在正确的道路上。

五年过后，你已经在自己和竞争对手之间拉开了一条不可逾越的鸿沟。当你的潜在客户在搜索引擎中输入一个术语时，出现的是你的文章；当人们听到关于你的领域的相关播客时，你就是嘉宾；当人们想雇用一名演讲者、一名高级雇员或者一位专家顾问为其提供建议时，你是唯一合适的人选。

五年后迎接指数级增长

作为人类，我们的大脑很容易理解线性增长，用形象化方式来表达，就是 $1 + 1 = 2$。

但是我们普遍很难理解指数级增长的含义，就像那个著名的故事：国王同意一个发明家的付款条件，棋盘第一个方格上放 1 粒米，第二个方格上放 2 粒米，第三个方格上放 4 粒米，依此类推。一开始看起来不太多，然而，当到达第六十四个方格也就是最后一个方格时，国王欠下了超过 18 000 亿粒米。

彼得·戴曼迪斯（Peter Diamandis）和史蒂芬·科特勒（Steven Kotler）在他们的书《创业无畏》（*Bold*）[①] 中讨论了他们所谓的"指数型技术"，诸如无人驾驶汽车、3D 打印、人工智能等新事物。在几十年甚至更长的时间里，人们对指数型技术不屑一顾，说它们被过度宣传，毫无效果。但往往在最后，它们会突然进入公众的视野，惊艳世人，人们会惊呼："这是从哪里冒出来的？什么时候的事？"其实，它们一直在那里，不断成长、发展，只不过它们在早期的进步太不明显，即使是以指数级的进程发展着，我们也无法通过肉眼察觉到。

彼得和史蒂芬称这个变化不明显的阶段为指数级增长的"欺骗阶段"。

之所以会产生这种现象，是因为小数字的倍增通常只会产生非常微小的结果，而被人们误认为这是缓慢的线性增长。想象一下柯达的第一台数码相机，从 0.01 百万像素翻

---

① 这本书是创业必读书，中文简体字版已由湛庐引进，浙江人民出版社 2015 年出版。——编者注

倍到 0.02，0.02 到 0.04，0.04 到 0.08。对于普通人来说，这些数字看起来都很接近零。然而，就在这样微不足道的数字中却潜伏着巨大的能量，一旦突破整数关口，变成 1，2，4，8……它们离百万倍的改进只有 20 倍的距离，距离 10 亿倍的改进只有 30 倍的距离。正是在这个阶段，最初具有欺骗性的指数级增长开始带来颠覆式创新。

指数级增长的规律不仅在技术领域是可行的，也同样适用于商业领域。正如著名音乐企业家德里克在一次播客采访中所描述的那样："我的公司 4 年来都没有大跨步发展……我经常会遇到一些开始追逐自己的梦想的人，几个月后，他们说，'事情进展得不顺利！'我会说，'这才几个月，加油啊！我在 CD Baby 工作了 3 年的时候，公司也只有两个人。'"而在他经营到第 10 年的时候，他以 2 200 万美元的价格卖掉了公司。

事实证明，指数级增长规律不仅适用于技术和商业方面，也适用于日常生活。正如合气道①大师乔治·莱纳德（George Leonard）所说："在一个追求效率的世界里，很多事情都变得很激进，但如果你想学习知识，或想让自己产生一些持久的变化，你必须把大部

① 一种利用攻击者动能、操控能量、偏向于技巧性控制的防御反击性武术。——编者注

分时间花在突破瓶颈期，即使开始时看起来毫无进展，你也要继续练习。"

你要知道，人生大部分时间都处在欺骗阶段，不仅仅来自其他人，也来自我们自身对于方法和能力的自我怀疑。我们有时连续几年看不到结果，就会很自然地怀疑自己的能力。**成为长期主义者意味着要拥有足够的耐心，来克服自我怀疑的心态并坚持下去。**

但是，我们该如何做到这一点呢？

自我怀疑时至关重要的 3 个问题

你要勇往直前，尽管一开始你会被拒绝或得不到回应，所以这件事说起来容易做起来难。你可以问自己这至关重要的 3 个问题，这有助于我们更快地进入正确的轨道：

- 我为什么要这么做？
- 我做的事情对其他人有什么作用？
- 我信任的顾问们怎么说？

让我们分别深入了解一下。

问题 1：我为什么要这样做

我们很容易被错误的表象所迷惑，所以我们必须先明确核心原则。罗恩说："你必须把这些内容写下来，'这是我所看重的。''我可以做到。''我想要成为这样的人。'"

明确这一点有助于你避免以他人的标准来衡量自己。正如罗恩所说："你必须时刻坚持你的核心原则，这样当你被虚荣心所迷惑时，当你感到焦虑不安时，或者当你觉得自己处境艰难时，再或是当你面临'那篇文章没有被接受''我没有因为这个演讲被聘用''那个客户选了别人''我的老板不喜欢我的想法'这样一些情况时，你就可以做好准备了。"

你的核心原则会让你变得更坚强，这是罗恩在写书时一直牢记的关键。最终，他确实与一家商业出版机构达成了协议，并有机会与他所中意的编辑合作。他把自己的注意力重新放在第一原则上：他想写这本书，因为他有一些关于工作道德以及如何让商业世界变得更美好的重要观点要分享。他说："我正在学习享受这个可以分享的机会，并庆幸自己可以创造它。"

当你将注意力放在如何用自己的想法帮助别人，以及自己想成为什么样的人这样的核心原则上，你就能更加正确地看待事物。

问题 2：我做的事情对其他人有什么作用

你真的知道怎样才能成功吗？可能大多数人都不知道。因此，我们的期望有时会非常离谱。我在《公认专家》社群中与我合作过的数百名专业人士中发现一个现象：他们希望经常重新审视自己的战略。当他们没有如愿地迅速看到结果时，他们会变得焦躁不安，想要转移战略重心，我也会因自己曾有这样的经历感到愧疚。我应该开始做播客吗？也许我应该做视频博客（Vlog）！我错过了什么，还应该再做些什么？

这就产生了长鞭效应①，你永远看不到结果，因为你没有付出足够的时间，我们要做的只是两件看似简单的事情，而你需要严格自律才能做到。

第一步是找出榜样，即找到那些已经或部分完成了你的目标的人。这些目标不是让你呆呆地看或欣赏的，你要深入研究他们是怎么做到的，这样就能更确切地了解他们在成功的路上做了什么，看看同样的举措是否适合你。第二步是对他们的进度有一个清晰的了解，这样你就知道你要花多长时间才能看到结果。

---

① 当价值系统中的某一点发生波动时，连带造成价值系统中其他成员也发生波动，波动来源越远，波动就越大。——编者注

　　这是戴维·布尔库什（David Burkus）采取的方法。戴维是一位演说家，著有《X 创造力》（*The Myths of Creativity*）和《一位朋友的朋友》（*Friend of a Friend*），他曾在播客中采访了著名的商业思想家丹尼尔·平克（Daniel Pink）[①]。在节目结束后聊天的过程中，戴维提到自己的事业不如想象中进展得顺利，他为此感到沮丧。戴维回忆道："丹尼尔停顿了很长一段时间，然后说，'好吧，你得知道你的这份工作才做了 3 年，而我的工作已经做了 20 年了。我给你的建议可能对你起不了什么作用，因为你真正需要的是给自己更多时间。'"

　　戴维当时正在寻找切实可行的解决方案，所以他听到丹尼尔的答案时很沮丧。他说："挂断电话后，我越想越觉得有道理。我认为，你既要为自己取得的成就感到满足，同时也要为自己没有取得的进展感到挫败。我想大概每一位成功者都经历过这种持续的紧张感。"

　　因此，戴维创造了自己的思考方式："我厚颜地把自己称为下一个丹尼尔·平克。一方面是出于玩笑，另一方面是为了让人们把我的作品与他们更熟悉的作者联系起来，还有一个原因是为了提醒自己，我需要 20 年才能获得那样的成就。虽然我没有获得丹尼尔在 2020 年取得的成绩，但我做到了他在 2001 年取得的成绩。"

---

① 丹尼尔·平克被称为 GPT 时代的"哥白尼"，他著有多部畅销图书，包括《全新思维》《驱动力》《全新销售》等 GPT 时代全新个人能力系列，中文简体字版已由湛庐引进，中国财政经济出版社 2023 年出版。——编者注

看看别人做了什么，以此激励自己或激发新的想法，这样的比较本身并不无坏处。但我们的比较必须现实，不能粗略地看一眼别人的简历，就认为他事事顺心。当像戴维一样意识到偶像领先了自己几年甚至几十年时，就可以对自己宽容一点，战略性的耐心和努力总会有回报。正如戴维所说："如果急躁能促进你去努力，那么这就不是一件坏事。如果你陷入自我否认，那才是坏事。"

问题 3：我信任的顾问怎么说

当事情没有按照自己的预期进行时，我们很容易灰心丧气。每一次挫折似乎都是一个永久判决或无法摆脱的枷锁。让自己走出困境可能很难，甚至毫无希望，所以我们需要有一群值得信赖的朋友。理想的情况下，他们做过你正在做的事情，他们对这个过程有足够的洞察力，可以指导你。我们的生活中需要普通的支持者，比如亲戚朋友，无论怎样他们都认为我们很棒，但也需要一群我们信任其专业判断的人，他们可以告诉我们"这个想法值得继续"或"是时候往前看了"。

创造和分享新想法可能是一个充满挑战的过程。有些想法很容易被接受，也有一些想法会被忽视或诋毁。作家塞思・戈丁（Seth Godin）总是对新事物保持谨慎的态度，从感性的情绪或是从理性的专业能力来看，他都将新事物看作是危险的。这就是为什么你需要一个善良和明智的倾听者。

正如罗恩所说："你必须有一个圈子，当你迷茫的时候，得有人为你指明方向。"可靠的顾问可以评估你的前进路线是否正确，你的策略能否实现你的目标，你的时间安排是否合理。这些都是我们自己很难判断的事情。

我们需要能够及时转变策略并进行自我重塑的能力，但是改变路线也意味着我们要认真思考失败到底会带来什么影响。

战略性耐心养成清单
THE LONG GAME

1. 在瓶颈期仔细留意微小的进步，这些进步可以证明你走在正确的道路上。

2. 战略性耐心进度条：大约两到三年就会获得小小的胜利，五年后会让你与竞争对手拉开差距。

3. 自我怀疑时至关重要的 3 个问题：
   - 我为什么要这样做？
   - 我做的事情对其他人有什么作用？
   - 我信任的顾问们怎么说？

09

THE LONG
GAME

第 9 章

——

重新定义失败就能有所收获

"

当你做了足够多的尝试，
成功也就随之而来。

"

尝试新事物或承担风险说起来很容易，但在现实生活中，我们总是希望能在舒适区一直获得成功，每一次挫折都会刺痛我们的心扉。

2019 年，我决定为自己设定一些大胆的目标：

- 与一位著名作家合著一本书，大幅度提高自己的知名度。
- 买下我最喜欢电影的版权，并把它改编成一部音乐剧，作为参与 BMI 工作坊的一个内容。
- 在一家世界上最著名的媒体上开设专栏。
- 在一场高规格的行业会议上演讲。
- 登上 Thinkers50 全球顶尖商业思想家名单。

这不是我一厢情愿的目标，也不是空想，而是在我现有成就中延展出来的目标。如果我足够努力，它们是可以成真的，于是我开始了行动。

关于写书的目标，我遇见了那位著名作家，他对我提出合著的想法很赞同。我需要做跑腿工作，承担写作的工作，但这正是我所期望的。在他的帮助下，我花了几个月的时间写了一份提案。等到我们再次见面时，我记下了他的注解和修改记录以便进行修改，然后我开始写我们的样章。"我将在3月前完成，"我对他说，"如果你觉得不错，我们可以开始向出版商推销。"但是当3月到来，样章准备就绪时，事情就不太对劲儿了。

他兴奋地说："你写得真好！"但在我准备样章期间，他收到了一份无法拒绝的提议，有人愿为另一本书预付100万美元。我们的合著项目相形见绌，这个项目不可能获得那么多资金。我不能怪他，他当然应该接受那100万美元！但是没有他，这个项目也没有什么意义了，我生命中的几百个小时就这样付之东流了。

关于编写音乐剧的故事是这样的。我在北卡罗来纳州的一个小镇长大，在互联网出现之前，我没有太多机会接触到外面的世界。我只能看电视，或者去当地的电影院看大片，但这种娱乐方式挺虚幻的。

因此，当我偶尔在当地的音像店发现独立电影 ① 时，我被迷住

---

① 指20世纪中期脱离美国好莱坞八大电影公司控制，自筹资金，自编剧本，自己导演，与商业电影截然不同的电影。——编者注

了。有一部电影陪伴了我很多年：这部电影讲述了一群朋友短暂而凄美的成长故事，拍摄费用仅为 21 万美元。

　　我进入 BMI 工作坊后，得知我们第二年的项目是把一部小说或电影形式的艺术作品改编成音乐剧，我想这是我的机会。这位导演现在快 70 岁了，没有自己的社交网站，很难有人能够联系到他。但是当我做了一些调查工作之后，我好像找到了他的电子邮箱。我给他写了一封信，然后等待回音。直到两周后，我的收件箱里突然出现了一个回复。他写道："从下周一开始，我会待在美国东海岸，如果你有时间，我们可以通过电话或网络电话进行讨论。"

　　就这样，我和我的作曲搭档有机会与导演进行沟通了，让我没想到的是，我们达成了合作协议。这位导演并不是简单地做了授权，而是与我们协作，就这样，我可以直接与我的偶像合作了，我们自拍了一张合照来庆祝。

　　在项目推进过程中，与导演取得联系并不容易，因为他那会儿在南美和法国拍摄。我和我的作曲搭档花了几个小时制订了一个计划，包括歌曲布局、下钩子①等等，让剧情像一部音乐剧一样发展。当我们终于与电影制片人打通电话时，他正在缅因州的乡村度假，那里的

---

① 指在影视剧作品中故意制造剧情看点或期待点。——编者注

手机信号不好，他听不清我们说的话，我们只能没完没了地重复，最后我们放弃了。

电话没有说清楚多少内容，但有一件事很清楚，就是我们把两个角色合二为一的建议让他感到失望。在一部音乐剧中，角色是有限的，而他拥有庞大的演员阵容，这一点是无法调和的矛盾。

此后，他变得沉默了，我不得不反复发邮件说明我们的工作情况。如果我们要在项目截止日期前完成任务，我和我的作曲搭档必须推进项目的进度。于是我们开始写音乐，为这个项目倾注更多时间和精力。

一个月后，一锤定音。他写道："祝贺你们，主题曲很迷人，恰到好处地触动了人们的心弦。"但是音乐剧根本不在他的考虑范围之内。他写道："你们的电影看来更适合直接做一部戏剧……抱歉把你引上了电影这条路。"

于是，我和我的电影英雄一起工作的机会也没了。

我一生都喜欢阅读报纸。我最美好的童年记忆是母亲接我放学后去加班的日子，她会把我送到购物中心的一家三明治店，我会在那里点一杯苏打水和一份肉丸，然后心满意足地看报纸，直到她忙完。

我研究生毕业后的第一份工作是在《波士顿凤凰报》(*Boston Phoenix*) 当记者，这是一家富有传奇色彩的另类新闻周刊，它开启了《纽约客》(*New Yorker*) 作家苏珊·奥尔琳 (Susan Orlean)，《时代》(*Time*) 周刊前专栏作家、《三原色》(*Primary Colors*) 作者乔·克莱因 (Joe Klein) 等名人的职业生涯。尽管我在 2001 年因行业大裁员被解雇了，但我仍然对新闻工作保持着敬畏之心，所以我在 2018 年 10 月接到一位同事的电话时欣喜若狂。他是一家报社的记者，他们报社正在策划一个新的商业专栏，问我是否有兴趣尝试一下。

当时我在北卡罗来纳州的杜克大学教书，在前往晚餐地点的路上，车流从我身边呼啸而过，我努力让自己的声音保持平静。他们需要什么样的样本？截止日期是什么时候？之后几天，我所能想到的就是如何战胜我未知的竞争对手。我要写出有史以来最厉害、最有趣、最精辟的专栏。

接下来的周末，我要参加一场婚礼。我一直在对我的文章做最后的润色，所以当我的前女朋友已经穿好衣服时，我把笔记本电脑递给她，恳求她帮我仔细检查我的文章，保证这篇文章做到完美。

然而几周后，我的朋友却告诉我一个坏消息。"感谢你的投稿以及你为此付出的所有努力，"他给我写道，"编辑真的很喜欢，但最终他们决定换个写作方向，目前的情况就是这样。"不过，他还是给了我一丝希望："你很受欢迎，我们希望将来能再次和你合作，但这取决于这个项目的进展情况。"

我不清楚他们这样说是因为要安慰我，还是他们真的这样认为。

大约 6 个月后，我给我朋友的编辑写了一封信了解情况。他让我等到夏天晚些时候再来看看，他说会跟我保持联系，然而他并没有。所以，我将信件置顶，并且每隔几周就反复跟进，我没打算放弃这次机会。

就这样一年过去了，这位编辑邀请我提交一篇专栏文章，我照做了。我现在已经累计为他们写了将近 4 000 字的文章，他们对我的文章很了解，然而他们经过深思熟虑，仍然不喜欢我写的东西。

"我想让你知道，我们已经决定和另一位候选人合作了，我认为你的文章很深刻……但是我想让专栏的文笔更轻松些。"编辑写道。

那么我还有机会吗，还会有用到我的地方吗?

"再次感谢你的参与，"他给我回信，"我希望你会继续阅读我们的专栏。"

显然他们不会有再用到我的地方。

在最后一次被报社拒绝的 6 个月前，我提交了一份视频申请，希望在一个顶级行业会议上演讲。多年来，我已经建立起了强大的主题演讲业务，并且经常获得高额报酬。但是在这次会议上演讲是我个人的目标，因为会议的知名度很高，所以即使它是无偿的，我也想得到这次机会。

网站上没有公示演讲嘉宾的明确时间，我一直耐心等待。当我得知一位同样提出申请的同行被拒绝时，我很受鼓舞，不是因为他被拒绝，而是因为这表明我的申请仍在考虑中，肯定会很快被采纳。但是几个月过去了，主办方开始宣布演讲者名单，每次只公布几个，而其他人员将在未来一段时间内不定期公布。虽然我认识选拔委员会的成员，但他不能透露给我任何官方消息，好在非官方消息说他们喜欢我的视频，还在考虑。

眼看会议就要举办了，我应该买票吗？我特别想参加，但如果我被录取进行演讲，那么票就多余了。如果我只是等着被邀请，结果会不会让自己后悔？我最终屈服了，买了票。

就在会议前几周，最后的阵容宣布了，我不在其中，而他们甚至都懒得回复我的申请。不久，我和几个朋友出去吃饭。我问："你是否有过这样的感觉，有时候什么都不如意？"

那个时候已经到 11 月了。我 2019 年的 5 个主要目标有 4 个都落空了。我故意给自己设定了大胆的目标，我知道不是所有目标都能实现，但至少可以实现一部分，而现在，我开始不抱希望了。

我已经买了去伦敦参加 Thinkers50 的机票，尼哈尔·查亚参加过这个会议，并专门在《福布斯》写过一篇文章。以前，我被评为 Thinkers50 "值得关注的思想家"，但这并不一定意味着我能进到那份我梦寐以求的名单上。这份名单上的人都是商业巨头，像 W. 钱·金（W. Chan Kim）和勒妮·莫博涅（Renée Mauborgne），他们的开创性著作《蓝海战略》（*Blue Ocean Strategy*）已经卖出了 400 万册。在一个寒冷的周一晚上，我置身于一个巨大的宴会厅，周围是一大堆身穿晚礼服和舞会礼服的人们。晚会节目开始了，屏幕上闪现出一份名单。

我在名单上面！那天晚上离 2019 年底还有 6 周，我被评为"世界 50 大商业思想家"之一！

这花了我 11 年的时间，我写了 3 本书。那一年我连续 4 次梦想破灭，屡遭拒绝，但最后我还是成功了。

有时我们的赌注会有回报，有时却没有，但无论如何，我们必须敢于下注。要想获得成功，我们需要在自己所做的事情上表现出色。但不可避免的是，这里也存在主观因素，比如编辑认为我的文章很深刻，可惜这并不是他想要的。

你必须有出色的表现，把球击出去。因为短期内，你可能会因为无数个莫名其妙的理由而被拒绝。然而，从长远来看，你被接受的概率越来越大，当你做了足够多的尝试，成功也就随之而来。

但是在失败、挫折和毫无希望的沮丧情绪中，你该如何坚持下去？

理解试错与失败的区别

企业家兼斯坦福大学教授史蒂夫·布兰克（Steve Blank）在硅谷目睹了在他周遭发生的事情。急于求成的企业家，在风险资本的资助下，会雇用庞大的团队，"烧"掉大量的资金，但有许多人发现，他们在初创企业的地下室或车库里炮制的惊人计划一旦投放市场，结果并没有那么好。但这并不是说他们的产品不好，它们其实很不错！

问题是，一开始似乎没有人想要这些初创公司的产品。创造者往往闭门造车，在还没有明确这件事情的价值之前，就投入时间精益求精。史蒂夫意识到，正确的做法是下小赌注：创造一个"最简可行产品"，它不用很花哨或令人印象深刻，但能展示你正在努力的项目。

如果客户感兴趣，愿意下载或使用它，甚至愿意为它付费，那就证明这个产品有市场，你可以放心地开始安排时间，让它变得更完善，但是如果没有人对它感兴趣，你最好去推进其他项目，这样你就不会浪费时间、金钱和精力了。史蒂夫提出的概念在埃里克·里斯（Eric Ries）2011 年出版的一本书中得到推广，最终被称为精益创业方法论。

"在你充分投入之前进行测试"这个简单的理念在硅谷掀起了一场风暴，使创业的流程更加高效。但事实证明，它也适用于我们自己的生活。

很多时候，睿智的专业人士都不愿意把他们的"东西"公之于众，无论是一篇文章、一个新网站、一次演讲还是一个想法。他们会说"还没有完全准备好""我还在做一些调整""还需要多一点时间"。这并没有什么问题，谁也不想向外界公布一些糟糕的、粗糙到无法理解的东西。但当你的创业项目进行了一段时间，这种想法就变成了阻碍你前进的绊脚石。

我们可以从"硅谷事件"和精益创业方法论中学到一个教训，在创业早期，我们应该把一切都当作实验。你试图完成一件事，但它没有成功，失败让你感到不安，因为它意味着终结。但是，一个你从一开始就没有把握的实验，根本不能被称为失败。你知道需要多次实验才能得到你想要的结果，你也设定了相应的期望值。正如托马斯·爱迪生所言：实验是找到 999 种不能发明灯泡的方法。你并没有失败，你已经获得了数据，这可以帮助你重新调整，你可以在未来取得成功。

拓展多条路径通往目标

戴娜·德尔·瓦尔（Dayna Del Val）说："表演是我一直想做的事情。我在北达科他州的一个小镇长大，6 岁时演了第一部戏，之后从来没有放弃过表演。"作为戏剧专业的大学生，她在毕业后的第二天就去了犹他州，和她最好的朋友一起表演暑期剧目。之后，他们搬到了洛杉矶，戴娜准备开始她的好莱坞生涯，一切都在按计划进行，直到一周后，戴娜得知自己怀孕了。

"这简直把我毁了，"她回忆道，"我不可能成为一个单身母亲并搬到洛杉矶去。我本来以为我想要的，我为之努力的一切马上就能实现了。"

有时连我们最珍视的梦想也会落空。那我们该怎么办？

当她的儿子上小学五年级时，戴娜考虑从教学工作中休假一年，搬到洛杉矶试一试，但后来她去参观了洛杉矶的学校，那里费用很高，压力也很大。她想："让他为了我的梦想牺牲童年太不公平了。往长远想，假设这个梦实现了，我可以继续演戏，但我必须经常在凌晨4点到达片场，那么谁来照顾我9岁的孩子。我在这里人生地不熟，我不能这样做，所以我回家了。"

她的梦想似乎已经破灭了。毕竟，北达科他州与好莱坞的距离实在是太远了。但她也想知道，有没有办法能让她发挥一些表演方面的创造力？

事实证明确实有办法。她开始尝试在明尼阿波利斯市参加地方演出，并成功通过了试镜。她为6家当地银行和一家大型医疗系统做配音工作。最终，她获得了一个角色，成了北达科他州的形象代言人。她回忆道："有时候我骑行穿过瓦利城的大桥，有时我在梅多拉的荒地徒步旅行，有时候我在法戈①购物，我已经连续7年登上《狩猎和捕鱼指南》（*The Hunting and Fishing Guide*）的封面了。"她补充道："可是我既不打猎也不钓鱼，这就是为什么会有表演这门艺术。"

---

① 瓦利城、梅多拉、法戈均为北达科他州城市。——编者注

作为知名演员，戴娜得到了意想不到的工作机会。"艺术伙伴"（Arts Partnership）是一个小型的非营利组织，在北达科他州和明尼苏达州边界附近，为 150 个与艺术相关的非营利组织和企业提供支持。在长达 10 年的时间里，她担任该组织的执行董事，负责该地区的筹款、对接和艺术宣传工作。她说："10 年间，我把组织活动的预算翻了两番。"

直到最后，戴娜也没搬去洛杉矶。不过巧的是，她 20 多岁做工程师的儿子住在那里。戴娜的经历说明了另一个重要原则，那就是在挫折中坚持到底，同时我们也必须认识到，有多种途径可以实现我们的目标。她没有成为下一个梅丽尔·斯特里普（Meryl Streep），但她也没有失败。她用自己的方式成为一名演员，并提高了整个社区的艺术水平。她说："我比许多搬到纽约或洛杉矶的朋友发展得都好，他们往往花很多年忍受被拒绝的滋味，很难找到他们喜欢的工作，而我却在当地的创意生态系统中茁壮成长起来了。"

戴娜说，如果好莱坞打电话来找她演戏，她当然会去，但她不能只等着好莱坞的邀请，她要创造自己热爱的生活。她开始在母校明尼苏达州立大学穆尔黑德分校教授一门关于娱乐创业的课程——为一部电影创作剧本，并探索通过演讲和写作来分享她的想法。疫情期间，她说："没人在乎你今天在哪办公，你和我可能近在咫尺，也可能天各一方，这都不重要。"

　　你最初的计划大多无法实现，不管你有多聪明或多优秀，都可能会被生活阻碍，你或许总是欠缺一些运气。比如你非常想在苹果公司找到一份工作，但你没有成功。如果你总是无法摆脱被拒绝带来的困扰，那就意味着你在未来的职业生涯中也更可能失败。但也许那段被拒绝的经历可以成为杠杆。也许你可以在苹果公司的竞争对手那里找到一份工作，或是入职一家才华横溢、设计超前的初创公司，它可能会成为下一个苹果公司。也许你开始了一个研究项目，以更好地理解苹果公司的运营，这可能会成为一篇文章或一篇研究生论文。

　　当你完全基于无法控制的因素来衡量自己的能力时，比如随便一个人就能决定是否雇用你，那么失败对你来说可能是毁灭性的。但是，如果你同时开拓多条路径通往目标，那么你不仅能从控制者手中夺回主导权，还能迫使自己更有创造性地思考。戴娜的经历表明，有多种方法可以实现你的目标。

　　几年前，我在我新创建的社群中提出了一个想法：他们会对智囊团感兴趣吗？智囊团最早由拿破仑·希尔（Napoleon Hill）在 20 世纪二三十年代推广，是由少数一群人组成的，他们定期会面，讨论业务中的挑战和机遇，并从业内人事那里获得建议。这也是我组建和管理团队的理念——帮助每个成员提高成功率。

　　但有人会对这个付费项目感兴趣吗？只有一个办法可以知道。我给会员们发了信息，等待他们的回复。令人欣慰的是，有四个人回复表示感兴趣。通过这件事我发现，直接发一封邮件的方式便于获得建议！

成立智囊团还有一个挑战：确保有合适的人选。与许多在线课程需要自己消化信息，只有教授在主讲不同，智囊团在很大程度上取决于参与者之间的互动。我们必须做好智囊团成员间的匹配：我们不能让一个拥有价值百万美元公司的老板和一个刚开始创业的人在一起，他们的关注点、问题和见解会有很大的不同，他们无法真正有效地帮助对方。

因此，当你启动一个智囊团时，你面临的第一个问题就是经典的"先有鸡还是先有蛋"的难题：这个群体中还有谁？你不知道答案，因为你的团队正在组建，但许多人在确认"他们喜欢的人"在这个群体之前是不会做出承诺的。之前四位感兴趣的参与者很快减少到了两位，因为我还没有足够的信息来承诺其他参与者会是谁。

我完全可以放弃组建智囊团的想法，因为只为两个人来运行这个团队是不划算的。也许我应该等到有了更多的追随者再开展这个项目。不过，我决定问两个问题：我如何挽救现在的局面，有没有一种方法可以让我重新配置资源，让它真正发挥作用？

　　我和这两个感兴趣的人进行了交谈，问了很多关于他们的业务、发展方向和他们想学什么的问题。然后，我没有创造一个传统的智囊团，而是提出了一些新的看法：只为他们两人量身定制一个适合他们的学习议程。他们来纽约，与我一起对他们的业务进行深入的战略规划。他们都对职业演讲感兴趣，所以我们决定开展路演，他们会陪我参加演讲活动，看着我怎样准备，怎样演讲；如何与主持人建立联系等，我可以利用这个机会不间断地向他们解释关于演讲的一切知识。这是一种不同寻常的体验，他们很高兴能够参与其中，这对我也很有意义，因为这只需要在我现有的活动中顺便进行。

　　这是一次宝贵的学习经历。即使你已经建立了一个强大的品牌，也很难说服人们为新鲜事物付费，因为他们不确定这件事的细节，也不知道自己是否会喜欢它，所以他们并不完全相信你的承诺。

　　我花了一年时间来运营改良后的智囊团，为第二年推出一个更传统的团队奠定基础，第二期团队有 9 名参与者。从此之后，智囊团就成为我的一项健康的收入来源，也是在一对一辅导之外，帮助优秀同行发展业务的一种方式。但是，如果当初我发觉人们不情愿的态度后，看到这个项目的难度超乎想象，而放弃了成立智囊团的想法，那我就永远不可能成功了。

　　同样，当那位知名作家决定不与我合作出书时，我也感到很沮丧。在整理出完整的出书计划和样章后，我休息了好几个月。但后来我仔细阅读了这些材料，并根据我所做的研究确定了几篇文章的话题，这就让我之前的想法以其他方式传播了出去，我仍然可以从中取得一些专业上的收获。

我想，你一定要问，有没有别的方法让它发挥价值？

提高成功概率的 2 个方法

"几十年来，我一直把满满的日程与财务稳定性联系在一起，"作家兼顾问萨姆·霍恩（Sam Horn）说，"这是我衡量成功的标准。"她一直在为这个目标努力，直到几年前的一天。

她回忆道："我当时在加州的拉古纳海滩，刚刚结束了两天紧张的咨询工作。我开着租来的车去机场候机，我的儿子安德鲁打来电话。他从我的声音中察觉到了异样，他说，'怎么了？'我说，'我太累了，我不确定今晚我能不能赶上飞机。'"

安德鲁停顿了一会儿："妈妈，有些事我不明白。你是一个企业家，经营自己的生意，你可以做任何想做的事情，然而你却没有充分利用这个职业。"安德鲁说服她不要上飞机，然后打电话给她刚离开的酒店，把她的住宿时间延长了几天，因为她需要休息。萨姆回忆道："那天晚上，我没有登上红眼航班飞回家去，而是在海边听着大海的声音。"

设定最终日期

借这个机会，她想起自己多年来一直有个住在海边的梦想。这不是随便在海滨买栋房的事，她想利用一整年的时间进行自我探索，从一个地方搬到另一个地方生活，而新的居住地一定是在海边。最关键的是，她给自己设定了一个最后期限：10 月 1 日。

萨姆说："不管是写书、创业、旅行，还是其他事情我都会毫不含糊地设定一个最终的日期，否则就是没有完成。因为在这个过程中总会有别的事介入，你会妥协说，'现在不行，那就以后再说吧。'然后这件事就成了死循环。"正因为有这样的尝试，萨姆有机会与佛罗里达的海豚和毛伊岛的鲸鱼一起游泳，并穿着潜水服潜入沃尔登湖。她甚至将自己的经历写成了一本书，名为《一周七天，没有一天叫作"有一天"》（ *Someday Is Not a Day in the Week* ）。

实现目标并不容易，即使是那些让你痴迷的目标。萨姆在通往她海边生活的道路上遇到了很多障碍，最开始朋友们怀疑她生病了，后来人们担心如果她搬去别处，她的生意会受到影响。"然而我还是如愿了，"她说，"因为我在日历上圈出了 10 月 1 日，并发誓那天要出发。"她最有效的经验就是，如果想要成功，就要有一个衡量标准。

让其他人参与进来

提高成功概率的一个方法是设定最终日期，除此之外，还有一个方法是让其他人参与进来。

金·坎特贾尼（Kim Cantergiani）是一家残疾人服务组织的高级主管，还是一位妻子和母亲。在工作和家庭之中，总是有紧迫的事情需要她处理。不出所料，她的健康状况出现了问题。个子不高的金却达到了 191 磅（约 87 千克）的体重，在无数次减肥计划失败之后，她受够了。她知道光靠意志力是无法减重的，她以前试过，但失败了。

利用社群的力量，金找到了对自己负责的方式。她创建了一个"一磅一磅"的活动，在这个活动中，她向朋友、家人和邻居承诺，她每减掉一磅体重就向当地的受虐妇女庇护所捐款一次。这样一来，如果她减肥失败，失望的就不只有她自己。她说："在那之后，大家再也没见过我在公共场合吃糖或喝碳酸饮料。"她的减肥活动非常成功，并因此登上了《人物》（*People*）杂志，成为一名私人教练，开设了自己的减肥健身工作室。

每一个想要规划新路线或瞄准大机会的成功人士，都会时不时地碰壁。而在非理性情绪中，比如面临失败导致的自我怀疑时，我们根本无法相信自己。我们很容易灰心丧气，沉溺于自我责备的情绪中，这样就很容易草率行动。我们会因诱惑而完全放弃既定计划，或者将我们的策略转向当下看起来更有希望的地方。我们承受不起贸然行动而导致生活脱轨的后果，因此，提前认识到我们会遭遇的挫折非常重要，这样我们才能战胜挫折。我们可以确定一个日期，这样就会在打退堂鼓时产生愧疚情绪；而争取朋友和同事的支持，了解他们对我们的期待，我们会在实施的过程中羞于懈怠。

过于宏大的大多数目标，大都可能会失败；如果你轻松达到了你设定的每一个目标，那说明你的目标可能定得太低了。设立目标的关键在于确保自己不被失败所麻痹，或因成功而故步自封。在失败后尝试寻找替代方案，你会发现总能找到解决问题的办法。在我的图书提案失败整整两年后，我将这些概念重新运用到了一门在线课程中，这门课程估计比出书赚得更多。

障碍不可避免，但为了成功，你必须学会克服它们，分解它们，战胜它们，或者干脆绕过它们，而这都是你的选择。

只有一件事你不能做，那就是放弃。

战略性耐心养成清单
THE LONG GAME

1. 在失败中坚持下去的 2 种关键心态：

   • 失败并不意味着终结，而是为未来的成功收集有用的数据；

   • 被拒绝的经历也能成为杠杆，迫使你开拓多条路径通往目标。

2. 提高成功概率的 2 个方法：

   • 设定最终日期；

   • 让其他人参与进来。

THE LONG
GAME

第 10 章

———

成为长期主义者的 4 个策略

"

放弃那些容易走的路，

才能做出更有意义的事情。

"

"我本可以写得更好。"

"她为什么会升职？"

"我不敢相信人们会付钱听那个家伙讲话。"

在我们的文化中，很难摆脱攀比心理。20 世纪初著名的讽刺作家亨利·路易斯·门肯（Henry Louis Mencken）将财富定义为："比你亲戚朋友每年多增加至少 100 美元的收入。"但如今，我们不只拿自己的亲戚朋友来作比较，我们的同事、同学、真人秀明星、有影响力的人，以及我们在社交媒体上看到的其他人，都可能成为我们比较的对象。

换句话说，我们在跟每个人比较。

我曾经出席过一个由凯特琳·李·里德（Caitlin Lee Reid）创作的独角戏演出——《带着"Z"的 Lezzie》（*Lezzie with a Z*），旨在向

211

丽莎·明奈利（Liza Minnelli）的《带着"Z"的 Liza》（*Liza with a"Z"*）致敬。凯特琳是一位才华横溢的演员，她分享了在百老汇表演的梦想，虽然最终没有成功，不过，生活还是很美好的：她有着美妙的嗓音，在她喜欢的科技领域有一份工作，还有一位心爱的伴侣，这要归功于她的朋友斯蒂芬妮·杰尔马诺塔（Stefani Germanotta）。

唯一的问题是，斯蒂芬妮就是 Lady Gaga。拿自己和亲戚朋友相比已经够糟糕的了，更何况拿一个出过六张专辑，在公告牌排行榜上名列前茅，并且是世界上最知名的流行音乐明星之一的朋友做参照，更是非常痛苦。

凯特琳机智、优雅地引导自己克服了这些困难，这对她来说并不容易。当我们感觉到别人在进步而自己却在原地踏步的时候，努力做一名长期主义者就成了一项痛苦的挑战。如果我们最终没有获得最好的结果，或结果没有达到预期，我们都会感到羞耻。

在我参加 BMI 音乐剧讲习班的第一周，我的第一项任务就是和一位作曲家合作创作一首歌。在此之前，我写过的唯一一首歌还是在教练的鼓励下完成的，我完全不知道自己该做什么。我要与两位拥有音乐剧硕士学位的作曲家一起合作，只有我完全是个新手。其他人都有很深的资历：一位毕业于美国西北大学备受称赞的音乐戏剧学院，并编写过年度歌舞剧；另外一个人几乎赢得了加拿大所有的音乐剧奖学金；还有一位是某大学的音乐理论教授。

我合作的第一位作曲家也不是一般人物，她的身份是词作者，为了丰富自己的阅历，她已经参加了一个类似于 BMI 的洛杉矶项目。简而言之，她比我了解如何更好地完成这项任务。我给她的第一份歌词杂乱无章，无法厘清并融入电子乐曲中，所以我请她帮忙。但我觉得自己像个音乐上的白痴，我敢肯定她也这么认为。

在讲习班的第一年，他们每隔几周就会让学员轮流与不同的作曲家一起合作。我的下一位合作者是一位伟大的音乐家，他的母语不是英语，我希望能加入一些有意义的歌词。那时，我已经很快掌握了作词的基本内容，但我感受到了来自第一位作曲家的判断，这份羞辱在我内心留下了深深的印记。我花了整整两年的时间才被这个项目录取，我终于感受到自己的音乐旅程还没有结束。可这才刚刚开始，我就已经落后了。

在这种情况下，我们很容易放弃，我们会对自己说，"也许我没有天赋"，或者"我永远都不够好"，为什么还要继续？我们也很容易变得暴躁，觉得这些人不会欣赏真正的人才，甚至觉得他们都被操纵了，而你也不打算再陪他们玩这愚蠢的游戏了。

从长远看，要想获得最终的成功总是需要牺牲，有时甚至要牺牲我们的尊严和骄傲。如果你愿意忍受这种不适和羞辱，你将获得巨大的回报。但是，大多数人做不到。

从小处着手，培养延迟满足

你可能听说过沃尔特·米歇尔（Walter Mischel）[①] 著名的棉花糖实验，该研究于 20 世纪 60 年代在斯坦福大学附属幼儿园进行。孩子们有一个选择：现在就吃一个棉花糖，或者独自在房间里等待 15 分钟，这样就可以享用两个棉花糖。几十年后，人们将实验结果与孩子们的生活相匹配，发现那些自我控制能力强的孩子在很多方面都表现得更好。正如《纽约客》作家玛丽亚·康尼科娃（Maria Konnikova）所说："一个可以等待更长时间的孩子会在学业上表现更好，赚更多的钱，更健康、更快乐，也更有可能避开一些不好的事情，包括犯罪、肥胖。"

如果你喜欢阅读社会科学或商业类畅销书，应该对这个实验不陌生。但关键的一点，也是经常被人们忽略的一点，是你不可能永远保持单一的状态，要么慵懒一生，要么勤奋一世。我们都可以学会延迟

[①] 美国人格心理学家沃尔特·米歇尔关于自控力养成的具体内容推荐阅读《棉花糖实验》，该书中文简体字版已由湛庐引进，北京联合出版公司于 2016 年出版。——编者注

满足，增强自制力。换句话说，我们都可以成为长期主义者。

当谈到抵制短期诱惑时，比如我要再吃一块蛋糕或再喝一杯酒，诀窍是"冷却"这种冲动。正如玛丽亚所说："将物体放置在假想的距离上，比如通过看一张照片与亲自体验它的感受不一样，或通过重新构思，比如将棉花糖想象成云，而不是糖果。将注意力转移到一种完全不相关的体验上也可以冷却你的冲动，或是任何能成功转换你注意力的技术手段都可以尝试。"

这对避免肥胖很有帮助，但是在强迫自己的当下还是会感到痛苦或负担。虽然从长远来看，写文章、调研、参加社交活动都是很重要的职场活动，但是有没有一种方法可以训练自己去做自己最想做的、必要的事情？

其实是有的。秘诀仅仅是一开始就从非常小的地方着手。写一本书或学习一项新技能的问题通常在于它让人感到压力巨大，不知所措。我们怎样才能坐下来写 300 页的文章呢？答案当然是不能，但你可以把它分解成更小的任务。

但是对于一个以前从没写过书，或者对写作很反感的人来说，写一章都已经很不容易了。这就是为什么斯坦福大学心理学家 B. J.·福格（BJ Fogg）提出不同的处理方式。他说："当一个行为很容易时，你不需要依赖动机。"因此，他建议我们可以努力创造"微习惯"，这些习惯特别微小、可行，使你无法抗拒。当福格想养成使用牙线的习惯时，他决定只用牙线清洁一颗牙齿。因为开始往往是最困难的，一旦用牙线清洁了一颗牙齿，用牙线清洁所有牙齿并养成使用牙线的习惯就变得容易得多。同样，他建议人们养成记账或整理办公桌的习惯。①

对于任何你感到紧张或反感的活动，都可以从小处着手。你不必与通讯录里的所有人重新联系，只需给一个长期不联系的朋友发封电子邮件即可；你不必坐下来写一整本小说，只需敲出一段文字就行。

关键是开始。

在本书中，我们讨论了成为长期主义者所需的基本技能：首先要愿意说"不"，因为如果你没有留出时间来设定一个议程，就永远不会实现它；其次要愿意接受"失败"，你得明白大多数人所说的失败只是你正在收集的有用数据；最后要愿意相信在这个漫长的过程中一定能够看到结果。

---

① 要了解更多关于行为设计的内容，推荐阅读《福格行为模型》，该书中文简体字版已由湛庐引进，天津科学技术出版社于 2021 年出版。——编者注

将这些策略付诸实践，这样你就可以在自己的生活中掌控它们。

制订可行目标，找到自己的节奏

杰夫·贝佐斯在 2018 年写给亚马逊股东的信中，讲述了一个不寻常的关于倒立的故事。他回忆道："我的好朋友最近决定学习自己做出完美的倒立动作"。她在一家瑜伽馆参加了一个倒立讲习班，但进展并不像她预期的那么快，所以她聘请了一名倒立教练。

贝佐斯说，教练告诉他朋友："大多数人认为，如果他们努力练习，应该能在约两周时间掌握倒立的基本技巧。但其实这需要大约 6 个月的日常练习。如果你认为你能在两周内完成，那么最终你只会放弃。"

有太多人像贝佐斯的朋友一样过于乐观，我们从来没有花心思去研究成功的过程，也不去研究成功真正需要什么条件。我们带着美好的憧憬向前奔跑，如果花时间去思考一下，就不会忽视前进路上的艰辛与牺牲，以及随之而来的失望。

如果我们从一开始就真正了解成功的过程，就能让自己更聪明、更有复原力。其他人是怎么做到的，成功通常需要什么？你可以想出

217

一个更巧妙的方法来获得成功，它应该是一个惊喜，而不是你预先的期望。如果其他人都花了 3 年时间才能做成一件事，你就不要以为自己能在 6 个月内完成。

拉长战线，给梦想预留空间

回顾第 1 章，我们介绍了戴夫·克伦肖，他的大学同学嘲笑他妄图平衡工作与生活，并告诉戴夫为了建立一份成功的事业必须牺牲家庭。20 多年后，戴夫赢了，他建立了一家成功的企业，每周工作 30 小时，每年休假两个月。他是如何做到的呢？

他说，秘诀在于你的"极限距离"。就像一辆汽车，如今，许多汽车都有一个功能，告诉你在汽油耗尽之前可以开多少千米。这对企业家或专业人士来说也适用。戴夫说："你可以离开工作岗位多久？前提是离开你它可以照常运行。"你是否已经建立了一个成熟的体系，使你在无法全天候工作的情况下业务也不会崩溃？

过度工作的专业人士常会犯一个错误，就是目标太大，想要的进度太快。听说戴夫的公司一年休假两个月，大家马上都想跳槽去他们公司。为什么我不能这么做？因为这是好高骛远、不切实际的做法。我们需要了解自己目前的"极限距离"，并努力从战略上扩大这一距离。我记得在阿迪朗达克山脉的夏季旅行中，我发现手机信号不稳定，无法下载电子邮件，当时我吓坏了，于是我坚持每天开车进城，因为只有这样才可以查看信息。也就是说，当时我的"极限距离"大约是 18 个小时，虽然我记得不太清楚了。

戴夫建议，先看看你的"终点线"，这是你一天中停止的时间。如果你不能每天在一个固定的时间停止工作，说明你没有做好长期准备。如果你每天晚上 7：30 下班，看看能不能把它调整到晚上 7 点，最终调整到晚上 6：30，这就像在重置你的昼夜节律，如果你是一个夜猫子，你当然可以强迫自己偶尔早上 6 点醒来，但是你会因疲劳而崩溃，这种做法无法持续，所以你需要循序渐进。

你要给自己明确的指令："我要停止工作了。不管我的一天发生了什么，我都要停下来。"正如戴夫所言："你会遇到在规定时间内无法完成的事情，所以你得做出选择。要么对低价值的事情说'不'，要么开发新的工作模式。"这种被迫做出的决策会让你变得更好、更敏锐。

一旦训练出每天在某个时间停止工作的能力，你就可以开始创造戴夫所说的一周中的"绿洲"时间。这给了你一个短暂的休息时间，并赋予你重启的能力。"是每周五的一个小时，还是半天呢？"戴夫说。就他而言，他会在每个工作日休息一会儿，看看喜剧短片。即使在节奏快、压力大的工作日，他也给了自己一个喘息的机会。"你专注于此，并向自己提出战略性问题。'我该怎样才能做到这一点呢？'当你开始这样提问，你的思维方式就已经发生了改变，你开始在职业生涯中变得更加高效，因为你只能寻求系统性改善。"

最后他说，你可以在全年应用"绿洲"时间的概念：你怎样才能休息一周或两周，甚至一个月呢？对于努力工作的专业人士来说，离开工作岗位这么长时间会让你感到很不适应。但是，采取这种休息方式迫使你改进工作流程，会让你和你的企业变得更好。戴夫说，一个有企业家思维的人能够意识到，"如果我这样做能赚更多钱，我的时间价值也将提高"。

休假一两个月可能让你感觉不现实，但你看看下个月的日历，就会发现这是有可能实现的。但戴夫还说："你需要提前做出承诺，这样才能对自己的时间和优先事项做出选择，达成心愿，这是很多人都会遇到的问题，他们会说，'我不能休假，因为我下周有这件事情要处理，再下周还有别的事。'然后他们会继续想，甚至未来三四个月的事都想到了。"

戴夫的建议不只适用于安排休假时间，我们想花时间去做的任何有意义的事情都可以这么安排。如果我们抱怨日程太满，觉得自己不可能写剧本，或推出播客，或参加会议，从理论上讲当然没错，但这也是目光短浅的表现。因为如果我们计划得足够长远，我们总能为重要的事情腾出时间。

战略性耐心意味着你要提前考虑，甚至为了完成更重要的事情而做出短期的牺牲。当我们在时间管理方面变得自律，坚持不懈地工作以增加"极限距离"时，我们就给自己的梦想预留了空间。

贝佐斯的人生观与"倒立者"相反，在"倒立"的故事中，人们在错误的认知情况下接受困难的任务，轻视了任务的困难程度。相反，贝佐斯积极寻找机会，主动承担艰巨到把其他人都吓跑的长期任务。他在 2011 年接受《连线》（*Wired*）杂志采访时说："如果你所做的事情需要三年的时间完成，将会有很多人与你竞争。但是如果你愿意花七年的时间作为投资，那么你只需要与一小部分人竞争，因为很少有人愿意像你这样做。所以只要拉长战线，你就能搞定更多难事。"

大多数人都没有足够的野心让自己持之以恒，虽然我们偶尔也会大放厥词，比如我有几个朋友宣称有朝一日他们会成为奥普拉①。但当我们要制订具体计划来实现这一目标时，却会变得胆怯。

多年来，我一直在敦促一个朋友离开他现在的工作岗位，去实现

---

① 即奥普拉·温弗瑞（Oprah Winfrey），美国演员、制片人、主持人。——编者注

他的企业家抱负。一天，他打电话给我说，他决定要做这件事！我回应："太棒了！你什么时候离职？"他说："我想在离开之前确保组织能够良好运营，所以我决定五年后辞职。"我真的笑出声了。但好在他中途后悔了，在两个月后顺利辞职，开始了成功的事业。但是像他一样，许多人给自己设置了不必要的障碍，无法意识到其实只要开始着手做，就可以随着时间的推移取得巨大的进步。

我们生活在恐惧中，担心计划会发生变化。"如果我错了，没有成功怎么办？"我们都没有明确的答案。但通过时间的历练，你会发现全新的自己，你能找到新的技能和偏好，对业务有新的认知。**你其实不必在七年里坚持同样的计划，但是从事长期规划能让你从大处着眼，并在必要时进行调整。**

在第 5 章中，我们遇到了之前是工程师高管的阿尔伯特·迪伯纳多，他通过浏览朋友在社交媒体上发布的帖子，了解了高管培训领域并决定获取认证资格然而在他退休几年后转移了重心。他说："我看不出人生最终的意义在哪里，我以为是做一名高管教练，但我现在离那个目标太远了。"他仍然喜欢和客户一起工作，但这只是一种形式。他主持研讨会，在公司董事会任职，投资房地产等。"我发现我在寻找智慧，这是我的人生旅程，"他说，"直到现在我仍在挖掘自己的潜能，这就是这段旅程的美妙之处。"

当你做好长期规划，并愿意调整和改变时，你可以创造出非同寻常的人生体验。

耐心等待，只要开始就是进步

2019 年初，我收到了一封带有试探性、语气礼貌的电子邮件。对方问我在 5 月 19 日有没有时间，是否可以考虑担任玛丽鲍德温大学的毕业典礼演讲嘉宾。

我惊讶于他们竟然知道我。玛丽鲍德温大学位于弗吉尼亚州的小斯汤顿。20 多年前，我的大学一、二年级就在那里度过，开学典礼也是在那里举行。在那里，我遇到了第一个女朋友，并与当时的大学校长组建了学校第一个学生团体，虽然当时我女朋友不想让我这么做，但她并不能阻止我。我还提倡修改学院的无差别待遇政策，几年后，在颇受欢迎的新院长帕梅拉·福克斯（Pamela Fox）的领导下，学校终于修订了这项政策。

我给他们的回应是肯定的。我在毕业典礼上发表了演讲，并发自内心地接受了几个月后加入学校董事会的邀请。我出差的工作很多，其实没必要在年度行程中增加四次弗吉尼亚州的旅行。但对我来说，回到校园，再次走进那些教室，看看我曾经走过的路，或许这就是成功的意义吧。加入其他大学的董事会也是一个不错的荣誉，但无法带给我同样的情感共鸣。

每个人都是这样，我们被独特的偏好和经历所影响，最终影响了我们对成功的定义。我的朋友痴迷于轮船，几乎整个夏天不回到陆地上；而我晕车，我宁愿死也不会这样做。我的一位同事每周五下午冒着被堵在路上的风险回到乡下，回到她的"绿洲"；但对我来说，我在海滨别墅里长大，那里才是度假胜地，想到每年要去同样的地方50次，我就会感到窒息，而不是解放。

我们每个人的追求都不一样，所以你的辛勤和努力最终会换回具有强大力量的回报，因为你所创造的未来于你而言是独一无二的，是你想要的。

成功总是比我们想象中来得要晚。如果我们只等最后成功了才庆祝，我们将会永远都在等待。什么是成功？在生态学中，有一种现象被称为"基线偏移综合征"，是指随着时间和时代的更迭，我们忘记了自然世界曾经是什么样子。即便是恶劣的、急剧变化的环境，如森林砍伐或物种灭绝，似乎也并不是什么大事，因为世界不是一直都是这样的吗？

日常生活也是如此。在职业生涯的早期，我们会为自己眼前取得的简单任务而拼命。你刚完成一笔六位数的交易？很酷！你刚在那家著名的出版物上发表了一篇文章？不错！你刚被邀请在某个会议上发言？太好了！

这些几年前值得吃一顿丰盛的晚餐来庆祝，甚至让你奔走相告的事情现在却变得稀松平常了，是因为你的眼界更高了。是的，你被邀请去演讲，但你不是主要发言人。是的，你完成了交易，但你不是公司里最大的筹款者。我们忘记了几年前的自己是什么样子，甚至忘记了现在的成功会让曾经的自己感到多么了不起。

成为一个领域的公认专家或取得任何形式的成功都不是一蹴而就的，正如我们在书中看到的那样，这需要大量的时间和努力，需要坚韧不拔地承受不可避免的挫折。如果生活中的每件事都像是一场永恒的苦役，我们一定无法坚持到底。我们必须找到一种方法给自己施展魔法，我们得向自己展示过去走过的遥远路程，这样我们才能看到未来的希望。

1996 年夏天，在我大三那年的暑假，我在著名广告公司 TBWA/Chiat/Day 找了一份实习工作。他们打造了苹果公司标志性的“1984”广告，被誉为美国最酷的广告公司之一，获得这样的实习机会让我感到很激动。

　　实习经历的方方面面都充满着品牌化。坐落于市中心的办公大楼当时经常被商业杂志报道，这里还有一些纽约常见的标志性景观，比如自由女神像。这个公司的创新方式在当时看来是不同寻常的，办公室横跨两层楼，你可以在两层楼之间乘坐电梯，也可以从连接两层楼的"蝙蝠洞"里滑下来；有一个房间的墙壁上铺满枕头，如果你感到沮丧，可以去击打这些枕头，如果这有助于你的创作，你也可以在那里"作茧自缚"。

　　这里没有固定的办公桌——这成了后来席卷美国企业界的开放式办公室的首批典型案例。你每天要把自己的物品放在一个储物柜里，在开放的座位区和会议室之间徘徊。如果你需要联络其他人，你会获得一部移动电话，供你在办公室内使用，虽然没什么人会把它随身携带。

　　在这家公司工作特别令人兴奋，由于紧张的工作节奏和友好的实习生餐补政策（如果工作超过晚上 7 点，就可以免费订购外卖），我几乎没有离开过公司大楼，这意味着我从未真正探索过办公楼所在的市中心街区。当然在工作日结束后，这片区域似乎空无一人，也不是一个需要深入探索的地方。

　　大概 20 年后，我决定搬到纽约市。但因为我只在那里住了一个夏天，之后就没再去过，所以当我寻找住房的时候，我只能给那里的朋友和同事发邮件寻求一些建议。出乎意料的是，有个人让我去金融区的一个公寓看看。"9·11"事件过后，这个社区进行了重新改造，现在在这里办公的公司仍然很多。令人震惊的是，由于公寓改建和房屋租赁激增，这里已经成为一个住宅区。

我参观的公寓楼似乎很完美，它建成不到 10 年，设施很现代，维护得很好，离地铁几步之遥，还有一个健身房和屋顶平台。搬进去几周后，我才开始探索这个社区，这让我看到了一些意想不到的景象。一座位于滨水区的高楼，它的玻璃幕墙闪烁着蓝绿色的光芒，那居然是我多年前的夏天工作过的大楼。

那时候我现在居住的新公寓楼还没有建好，所以我在办公楼里看不到它。而且按照纽约市中心的风格，街道名称在几个街区后就变了，所以我根本记不清办公楼的地址。但现在我终于知道，我的新住所与 TBWA/Chiat/Day 的旧址在同一条街上，只距离不到两个街区。

这当然是个巧合，我是在一个朋友的随机建议下搬到那里的，在一场不可预测的疫情暴发后，附近的人口结构发生了变化。但纽约是一个大城市，有 830 万人口，占地 789 平方公里，我觉得这些数据可以看作是大城市的标志。每天我离开公寓楼，瞥见那座摩天大楼的时候，我都会看看它，提醒自己在这二十几年来取得的成果。我经历过失败，但也有成功：我写的书，我建立的企业，我创造的生活。直到现在，我也几乎每天都会经过它。

我们很容易忘记自己已经取得的成就。这时候我们都忽略了一个强大的事实：如果以前尝试过，我们可以再次尝试，只要我们持续努力，视野宽广，一切皆有可能。

对任何人来说都是一样的道理。

萨曼莎·福尔兹（Samantha Fowlds）告诉我："我在 5 年前决定退休时要住在一个小镇的湖边小屋里，做兼职教练。"她是一名加拿大高管，也是我《公认专家》课程和社群的成员。"我意识到，如果想在 20 年后实现这个梦想，我必须从现在就开始行动，这样我就会有一个坚实的基础。所以 3 年前，我获得了专业教练的资格，现在我在完成日常工作的同时偶尔接待客户。"

与萨曼莎不同的是，大多数人从来不会考虑那么远的事情。他们只想马上得到某样东西，当自己的努力没有立刻显现成效时，他们会感到愤怒或沮丧，因此当你想要获得预期的成功时，你必须为之计划和努力。

从短期来看，你从家人、同龄人、社交媒体那里获得的赞美是有形的：稳定的工作、海滩度假时光、漂亮的新车，但这些东西也很容易烟消云散。没有人会因为你做了见效慢、很艰难甚至不为人知的事情而赞扬你。

但是，我们不能只为了短期的成效努力，也无法假设这些短期的成果能否转化为长期的成就。我们必须在当下愿意做艰苦、费力、不被认可的事情，这些事情在短期内或许没有什么意义，但是会在未来让我们享受到卓越的成果。

我们需要耐心等待。这不是指被动的耐心，不是等着天上掉馅饼，而是积极、主动的耐心：放弃那些容易走的路，才能做出更有意义的事情。

你取得的进步可能难以察觉，虽然第二天看不到结果，但你的成就会在 5 年、10 年或 30 年后出现，那时你已经创造了你一直想要的未来。

坦率地说，宏大的目标在短期内都不太可能实现，但只要采取微小的、有条不紊的步骤，几乎任何事情都是可以实现的。本书的唯一目标就是告诉你如何养成战略性耐心并行动起来，使之成为可能。

现在就看你的了。

战略性耐心养成清单
THE LONG GAME

1. 成为长期主义者的秘诀是，把目标分解成更小的任务，从小处着手。当然，关键是开始。
2. 理解成功的过程和所需的必要条件会减少挫败感，让自己更有复原力。
3. 平衡工作与生活的 2 个小妙招：
   - 了解自己目前的"极限距离"，并努力从战略上扩大这一距离；
   - 训练出将每天的工作停在一个固定时间的能力，为自己创造"绿洲"时间。

拥有 3 种能力，养成战略性耐心

我们都希望自己成为更具战略性的思考者，以摆脱日常的喧嚣，深入思考我们的生活和职业目标，并获得实现这些目标所需的洞察力和技能。在这本书里，我们通过专业人士的真实故事探讨了各种各样的策略，你可以使用更具战略性的眼光来应用这些策略，拥抱长期思维。你已经学到了一些策略，比如为兴趣而努力、波浪式思考、一年内不求人、无期限社交、极限距离等。但归根结底，成为一个长期主义者最需要的是勇气。

你要有勇气开辟自己的道路，而不是人云亦云。你得甘愿被视为失败者，而这种情况有时会持续很长时间，只有这样才能看到成果。这是忍耐和坚持的力量，因为你并不确定结果会怎样。

作为一名长期主义者，你的人生旅途中有 3 种能力值得培养。

独立。从本质上来说，长期主义者忠于自己和自己的愿景。在我们的社会中，在短期内取悦他人所带来的压力太大了：你不想让别人失望，所以承诺更多；你虽然做着别人都羡慕的好工作，自己的内心却一片死寂。当你从长远角度出发时，可能要花费很长一段时间才会有回报，如果在这个过程中你从外界寻找认可，结果可能是毁灭性的。要想成为一个无所畏惧的长期主义者，我们内心需要一根"定海神针"来提醒自己："不管别人怎么想我都愿意突破自己，我愿意做这项工作。"

好奇心。有些人满足于按照别人为他们制定的路线来生活，从不质疑或考虑其他选择，但对许多人来说，一辈子在条条框框中生活可能会让人感觉到空虚，尤其是当我们的利益与社会价值不一致时。我们不知道自己适合哪条道路，但有一种办法可以引导我们找到它，那就是好奇。通过观察我们如何度过空闲时间，了解令我们感兴趣的人和事，我们就可以找到照亮前进道路的那束光，并开始采取行动。

复原力。尝试做一些新的、独特的事情。你不知道一次尝试会不会有效果，其实很多时候答案都是否定的。太多人经历了拒绝或失败后就立即退缩，比如，认为拒绝了他的编辑是他能力水平的最终仲裁者，认为拒绝了自己的大学是客观而权威的，但事实并非如此，机会、运气和个人偏好对事情的发展起着重要作用。

如果有一百个人拒绝你的作品，这个信号相当明确，但是一个、两个或是十个人的判断并不能左右你的努力方向，这离最终答案远着呢。

成为一名长期主义者需要有基本的复原力，因为很少有什么事情第一次就能以你设想的方式获得成功。你需要有备用的 B 计划甚至 C、D、E 或 F 计划，你可以自我宽慰："既然这样做没有用，那就试试别的方式吧。"你尝试的次数才是你成功的关键变量。

我们都有能力磨炼自己的技能，成为更好的长期主义者。我希望本书能为你提供开启这段旅程的策略，更重要的是坚持下去，这样你就能到达你梦想的彼岸。

未来，属于终身学习者

我们正在亲历前所未有的变革——互联网改变了信息传递的方式，指数级技术快速发展并颠覆商业世界，人工智能正在侵占越来越多的人类领地。

面对这些变化，我们需要问自己：未来需要什么样的人才？

答案是，成为终身学习者。终身学习意味着永不停歇地追求全面的知识结构、强大的逻辑思考能力和敏锐的感知力。这是一种能够在不断变化中随时重建、更新认知体系的能力。阅读，无疑是帮助我们提高这种能力的最佳途径。

在充满不确定性的时代，答案并不总是简单地出现在书本之中。"读万卷书"不仅要亲自阅读、广泛阅读，也需要我们深入探索好书的内部世界，让知识不再局限于书本之中。

湛庐阅读 App: 与最聪明的人共同进化

我们现在推出全新的湛庐阅读 App，它将成为您在书本之外，践行终身学习的场所。

- 不用考虑"读什么"。这里汇集了湛庐所有纸质书、电子书、有声书和各种阅读服务。
- 可以学习"怎么读"。我们提供包括课程、精读班和讲书在内的全方位阅读解决方案。
- 谁来领读？您能最先了解到作者、译者、专家等大咖的前沿洞见，他们是高质量思想的源泉。
- 与谁共读？您将加入优秀的读者和终身学习者的行列，他们对阅读和学习具有持久的热情和源源不断的动力。

在湛庐阅读 App 首页，编辑为您精选了经典书目和优质音视频内容，每天早、中、晚更新，满足您不间断的阅读需求。

【特别专题】【主题书单】【人物特写】等原创专栏，提供专业、深度的解读和选书参考，回应社会议题，是您了解湛庐近千位重要作者思想的独家渠道。

在每本图书的详情页，您将通过深度导读栏目【专家视点】【深度访谈】和【书评】读懂、读透一本好书。

通过这个不设限的学习平台，您在任何时间、任何地点都能获得有价值的思想，并通过阅读实现终身学习。我们邀您共建一个与最聪明的人共同进化的社区，使其成为先进思想交汇的聚集地，这正是我们的使命和价值所在。

CHEERS

湛庐阅读 App
使用指南

读什么

· 纸质书
· 电子书
· 有声书

与谁共读

· 主题书单
· 特别专题
· 人物特写
· 日更专栏
· 编辑推荐

怎么读

· 课程
· 精读班
· 讲书
· 测一测
· 参考文献
· 图片资料

谁来领读

· 专家视点
· 深度访谈
· 书评
· 精彩视频

HERE COMES EVERYBODY

下载湛庐阅读 App
一站获取阅读服务

图书在版编目（CIP）数据

战略性耐心 / （美）多利·克拉克（Dorie Clark）
著；张伟立译. -- 杭州：浙江教育出版社，2023.12
ISBN 978-7-5722-6955-4

Ⅰ．①战… Ⅱ．①多… ②张… Ⅲ．①成功心理－通
俗读物 Ⅳ．①B848.4-49

中国国家版本馆CIP数据核字(2023)第229175号

浙江省版权局
著作权合同登记号
图字:11-2023-440号

上架指导：商业新知

战略性耐心

ZHANLUEXING NAIXIN

[美] 多利·克拉克（Dorie Clark）　著

张伟立　译

责任编辑：刘姗姗

美术编辑：韩　波

责任校对：胡凯莉

责任印务：陈　沁

封面设计：ablackcover.com

出版发行：浙江教育出版社（杭州市天目山路 40 号）

印　　刷：唐山富达印务有限公司

开　　本：710mm ×965mm 1/16

印　　张：16.50 　　　　　　　　**字　　数**：172 千字

版　　次：2023 年 12 月第 1 版 　　　**印　　次**：2023 年 12 月第 1 次印刷

书　　号：ISBN 978-7-5722-6955-4 　　**定　　价**：99.90 元